甘肃省
湟水流域生态环境状况调查
与生态安全评估研究

GANSUSHENG
HUANGSHUI LIUYU SHENGTAI HUANJING ZHUANGKUANG DIAOCHA
YU SHENGTAI ANQUAN PINGGU YANJIU

王乃亮　陶　伟 / 著

兰州大学出版社
LANZHOU UNIVERSITY PRESS

图书在版编目（CIP）数据

甘肃省湟水流域生态环境状况调查与生态安全评估研究 / 王乃亮，陶伟著. -- 兰州 : 兰州大学出版社，2024. 12. -- ISBN 978-7-311-06829-5

Ⅰ. X143

中国国家版本馆 CIP 数据核字第 2024M9F795 号

责任编辑　米宝琴
封面设计　汪如祥

书　　名　甘肃省湟水流域生态环境状况调查与生态安全评估研究
　　　　　GANSUSHENG HUANGSHUI LIUYU SHENGTAI HUANJING ZHUANGKUANG DIAOCHA YU SHENGTAI ANQUAN PINGGU YANJIU
作　　者　王乃亮　陶　伟　著
出版发行　兰州大学出版社　（地址：兰州市天水南路222号　730000）
电　　话　0931-8912613（总编办公室）　0931-8617156（营销中心）
网　　址　http://press.lzu.edu.cn
电子信箱　press@lzu.edu.cn
印　　刷　西安日报社印务中心
开　　本　787 mm×1092 mm　1/16
成品尺寸　185 mm×260 mm
印　　张　11.5（插页2）
字　　数　264千
版　　次　2024年12月第1版
印　　次　2024年12月第1次印刷
书　　号　ISBN 978-7-311-06829-5
定　　价　58.00元

前　言

生态安全是指一个国家或区域生存和发展需要生态系统处于不受或少受破坏与威胁的状态。生态安全所表征的是一种存在于相对宏观尺度上的不受胁迫的安全状态与和谐共生关系，主要包括生物安全、环境安全与生态系统安全，其终点是人类安全。流域生态安全评估包括了生态系统健康评估、生态系统服务功能评估、生态风险评估和人类活动压力评估等内容。保障流域生态安全的意义在于为人类生存发展提供基本条件，流域生态安全是经济社会发展的基本保障，是社会稳定的坚固基石，是资源安全的重要组成部分。

湟水是黄河的一级支流，发源于青海省海晏县境内的包呼图山，河源高程为4 200 m，东南经湟源与日月山的哈拉呼图河汇流后始称湟水。湟水东南流经甘肃省兰州市红古区和临夏州永靖县，至兰州市西固区达川河咀村小寺沟注入黄河八盘峡，入黄高程为1 565 m。湟水全长为373.9 km，流域面积为32 863 km^2，集水面积为2 395 km^2，其中在甘肃省境内长为68.8 km。湟水是黄河上游主要的径流补给水系，对黄河流域水资源平衡和生态健康发展起到至关重要的作用，是兰州市重要的地表水体，也是沿线各乡镇工农业用水和居民生活用水的主要来源，其流域生态安全十分重要。

本书从流域角度进行生态环境现状调查和综合评价，以全面掌握湟水流域生态系统的基本特征和主要问题，识别人类活动对流域生态系统的影响范围和程度。通过生态环境压力评估、生态系统健康评估、生态服务功能评估和生态风险评估，研判湟水流域生态安全短板，提出湟水流域有效保护和综合治理的意见，为该流域生态系统可持续发展提供技术依据和管理参考。全书由王乃亮和陶伟共同编写，其中第一章、第二章、第四章、第七章、第八章为王乃亮编写，字数合计13.3万字；第三章、第五章、第六章、第九章、第十章为陶伟编写，字数合计13.1万字。在编写过程中，编者广泛收集资料，参考了国内外相关研究成果，在此向所有对本书编写过程中有过帮助和启发的作者们表示诚挚的谢意！

由于时间仓促，加之水平所限，书中难免有疏漏之处，敬请读者予以谅解，不吝指正。

编者

2024年6月

目 录

1 流域基本概况

1.1 基本情况

湟水是黄河上游最大的一个支流，发源于青海省海晏县包呼图山。湟水上游为巴勿图河，河流源地由北向南至海晏，逐渐转向由西向东，蜿蜒曲折，流经青海省的海晏、湟源、湟中、西宁、大通、互助、平安、乐都、民和9个县（市或镇）和甘肃省的兰州市红古区及临夏州永靖县，与大通河在海石湾汇合，于兰州西面的达家川汇入黄河。

湟水干流河长为374 km，全流域控制面积为32 863 km^2，年径流量为46.3亿m^3，共有大小支流百余条，其中流域面积500 km^2以上的支流有11条。湟水干流介于北纬36°02′～37°28′、东经100°42′～103°01′之间，西北高东南低，自西北流向东南，流域大致呈羽毛状。湟水流域地形属于祁连山系西北～东南走向的山地丘陵地形，属西北黄土高原过渡带，自上而下呈峡盆相间，似如串珠，西宽东窄，河源海拔为4 898.3 m，最低处为甘青两省交界的湟水入黄河口处的谷地，大约为1 650 m，相对高差略达3 250 m。湟水干流上游植被较好，为低草牧区；中游为中低山区，以农业为主；下游植被较差，为黄土区，水土流失严重，含沙量大。

湟水在甘肃省境内长为68.8 km，其中上段为甘青两省界河，长为31 km，下段长为37.8 km，左岸为兰州市红古区，右岸为临夏州永靖县。甘肃省湟水流域境内集水面积为2 395 km^2，天然落差为155.25 m，河床平均比降为2.26‰，水能蕴藏量为18.95万kW·h。据民和、享堂水文站1950—2010年实测发现，湟水多年平均流量为140 m^3/s，年平均径流量为46.3亿m^3，平均每平方公里产水15.2万m^3。湟水像是连接内地与青藏高原的一条金色丝带，374 km的全长孕育着西宁和兰州两大省会城市和两个以“平安”命名的城镇（青海省海东市平安区平安镇和甘肃省兰州市红古区平安镇），这在全国来说都是绝无仅有的。

1.2 地理位置

甘肃省湟水干流介于北纬36°02′～37°28′、东经100°42′～103°01′之间，根据流域生态安全调查工作的需要，结合流域地形地貌，评估范围以河流左右岸分水岭为边界，涉及的县区包括红古区和永靖县，总面积约为665 km^2。红古区涉及：窑街街道、下窑街道、矿区街道、海石湾镇、红古镇、花庄镇、平安镇。永靖县涉及：西河镇、盐锅峡镇。

1.2.1 红古区

红古区地处甘肃省中部，兰州市西南，湟水、大通河左岸，隶属甘肃省兰州市，地处兰州市西部远郊区，在湟水、大通河谷地。东邻西固区，西濒青海省民和县，南临甘肃省永靖县，北部黄土山岭与永登县毗邻，地理坐标位于东经102°50′～102°54′、北纬36°19′～36°21′之间，全区东西长为53.7 km，南北宽度为24 km，总面积为535.14 km^2。

1.2.2 永靖县

永靖县位于甘肃省中部西南、临夏回族自治州北部。东临兰州市西固区，西临洮县，南与东乡县、临夏县、积石山县为邻。地理位置介于东经102°53′～103°39′、北纬35°47′～36°12′之间。县城刘家峡镇距兰州市西固区44 km，距中川机场117 km，距西宁市210 km，距临夏市89 km，贴近欧亚大陆桥，是古丝绸之路的主要通道，现已被纳入西陇海兰新线经济带甘肃段开发规划和兰州市一小时都市经济圈。

1.3 自然环境

1.3.1 气候气象

湟水流域是青藏高原与黄土高原的过渡地区，气候受东南海洋季风和蒙古高压的影响，属于典型的温带大陆性干旱气候，具有明显的冬长暑短、雨热同季、日照时间长、年降水少、蒸发量大、垂直分布明显和昼夜温差大的大陆性气候特点。流域上游为祁连山中段，下游为祁连山东段，降水随高程的增加而递增的特点比较明显，中下游降水集中在5～9月，降水量占全年总降水量的80%左右，上游在9月下旬至翌年6月上旬基本上为降雪天气。根据红古气象站的资料可知，湟水流域气象条件主要为：

年平均气温	8 ℃
极端最低温	−20.6 ℃
极端最高温	35.8 ℃
年蒸发量	1 559.40 mm
平均最大冻土深	108 cm
年平均风速	1.5 m/s
年最大风速	14 m/s
≥10 ℃的年积温	3 204 ℃
无霜期	125 d

1.3.2 降水

湟水流域年降水量受气候和地形的影响，呈地带性分布。年降水量在300～600 mm之间，降水主要来源于印度洋孟加拉湾上空的西南暖湿气流。降水量在流域地区上分布很不均匀，流域多年平均降水量为436.6 mm，源头降水量为400 mm左右，西宁市至民和县之间湟水干流地区，其年降水量介于250～ 300 mm之间。受季风和地形抬升的作用，降水量随着地势向两侧增高。

降水在年内分布极不均匀。全年降水量多集中于5～9月，占年总量的80%以上，其中7～9月的降水占年降水量的55%以上。冬季降水量极小，每年10月至翌年2月降水量仅占总量的10%左右，3～5月常出现春旱。最大月降水量发生在7月，7月暴雨中心处的降水量可占年降水量的40%。降水的年际变化也较大，多雨年与少雨年的降水量相差1.5～3.0倍，年降水量的变差系数C_v值为0.11～0.39。

1.3.3 蒸发

湟水流域年水面蒸发量为750～1 300 mm，受气候和地形因素的影响，水面蒸发量地区分布呈中部大、两头小。山区年水面蒸发量为800 mm左右，浅山地区年水面蒸发量为1 300 mm左右，川水区年水面蒸发量为900 mm左右。蒸发量年内分配与气温变化有关，冬季气温低，水面封冻，蒸发量小，最小的12月份的蒸发量占年总量的3%。随着气温的骤增，风速加大，4～7月为年内蒸发量较大的月份，最大的6月份的蒸发量占年总量的25%。

1.3.4 地形地貌

本次调查评估区域主要为红古区内，该区域地处湟水下游河谷，部分地区位于大通河的下游。地形轮廓呈狭长的“山”字形，北面依山，西南临水，地势西北高东南低，自西北向东南逐渐倾斜，海拔高度为2 462～1 580 m。境内属黄土高原沟壑低山丘陵区及河谷川地区，71.61%的低山丘陵区山峦起伏，梁峁重叠，沟壑纵横，岩土松散，地形复杂。境内地貌依据成因和形态特征可分为以下四类：

1.3.4.1 河谷川地

①湟水谷川地

湟水下游河谷开阔，东西向阶地发育，发育有五级阶地，其中Ⅰ、Ⅱ级阶地宽阔，为本区工农业居民点集中分布之地。Ⅲ级以上的阶地多被后期流水切割为黄土台地或黄土梁峁。

Ⅰ级阶地高出河床10～15 m，一般宽为100～250 m，最宽处可达400 m，长度为200～800 m，仅在河流两岸部分保留，多为果树、蔬菜用地。

Ⅱ级阶地高出河床25 m左右，一般宽为0.5～2 km，最宽处可达3 km，是红古区发育最好的阶地，地面平坦、完整。

Ⅲ级阶地，发育较好，为坪台地，高出河床30～40 m。

②大通河下游谷川地

窑街宽谷段，北起红山嘴，南至下窑村，南北长6 km，发育有四级阶地：Ⅰ级阶地高出河床8～10 m，最宽处约为100 m；Ⅱ级阶地分布较广，高出河床20 m左右，宽约为750 m；Ⅲ级阶地在该段河谷保存较好，高出河床50～80 m；Ⅳ级阶地，高出河床100～200 m，宽度大，但被后期流水切割为梁峁状，局部地方保存较好。

享堂峡谷段，从下窑村至海石湾，长为7.5 km，河床纵比降为6.9‰，河道宽为20～50 m，峡谷宽为100～150 m，两岸相对高差为300～500 m，两岸山崖陡峻，峡谷中水流湍急。

1.3.4.2 北部台地黄土山梁

①河谷台地

湟水北岸分布着许多黄土台地，这些台地实际是湟水的Ⅲ级阶地，后被南北向的沟谷切割形成的平台，从东向西有20多个大小不等的台地，这些台地海拔在1 700～1 900 m之间，高出河床150 m左右，宽度不等，有的可达2 km，其中平安台最大最平整，宽有2 km，长达3 km。

②黄土山梁

黄土山梁是永登县奖俊埠岭向东南伸延于庄浪河与湟水之间的被黄土覆盖的山岭，后来又被流水切割形成了山梁，这些山岭大都呈近南北走向，山岭与两侧沟谷相对高差百米左右，谷坡平缓，但越近湟水谷地，下切越深，相对高差大于百米，谷坡陡峻，黄土山梁被切割成黄土峁状形态。

1.3.5 径流

湟水流域由于所处的地理位置、地质构造、植被条件和气候等特点，决定了湟水流域为大陆性季风区雨源性河流。湟水径流的基本特性是：雨季，流量大，峰现时间短；枯季，流量小，主要是地下径流、融雪水补给，径流较稳定。

湟水流域内的径流主要来源于大气降水，主要以雨水补给为主，雪水补给为辅。全年可分为春汛期、夏秋洪水期、秋季平水期和冬季枯水期。每年5～6月为春汛期，由上游冰雪融水和降雨补给；7～9月上旬为夏秋洪水期，以大面积降水补给为主；10～12月为秋季平水期，以地下水补给和河槽储蓄量为主；次年1～4月为冬季枯水期，以地下水补给为主，水量小而稳定。径流量在年内分配不均，7～9月的径流量占全年径流量的50%左右，枯水期为每年12月至次年3月，仅占全年径流量的10%左右，最小流量出现在1～3月。

1.3.6 洪水

湟水干流大洪水一般均由大面积暴雨形成，由于降雨量的时空特点，加之植被条件差，因而洪水过程多呈现陡涨陡落、峰高量不大、历时短的特点，最短的洪水过程历时不足1 h，暴雨洪水在时间上具有很好的相应性，大多出现在7～9月，洪峰的年际变化大。降雨时间短，从起涨到落平只有十几个小时或几小时。其洪水分为春汛和夏汛，但较大洪水都发生在夏汛，一般集中在6～9月。

1.3.7 泥沙

湟水流域上游下垫面条件较好，中、下游植被条件差，水土流失严重，河流含沙量也较大。全流域平均含沙量为11.5 kg/m^2，多年平均输沙量达2 360万t，侵蚀模数为1 340 t/km。湟水流域形状呈扇形，河道坡度较大，同时由于各支流流经地区的下垫面条件不同，导致含沙量的差别较大。根据民和和享堂水文站资料可知，湟水民和站多年平均含沙量为9.56 kg/m^3，最大断面平均含沙量为843 kg/m^3。享堂站多年平均含沙量为1.06 kg/m^3，最大断面平均含沙量为322 kg/m^3。民和和享堂站多年平均悬移质输沙量为1 966万t，多年平均含沙量为4.07 kg/m³。

1.3.8 冰情

湟水流域的结冰期为头年的10月中下旬至翌年的4月上旬，各支流结冰期长短相差较大。脑山区的结冰期约为150 d，浅山至川水河谷一带结冰期一般在120 d左右，冰情主要以岸冰和流冰为主。湟水流域虽然冬季寒冷，气温较低，但湟水干流在冬季主要由地下水补给，水温在0 ℃以上，除个别支流外，一般不易封冻。

1.3.9 土壤

调查区土壤分布受气候、地貌、地形和水文地质条件的影响，各地土壤分布很不一致，土壤微域分布的规律性明显。根据《中国土壤分类与代码》中的分类及现场调查可知，湟水流域境内主要涉及5种土壤类型：灌淤土、黄绵土、灰钙土、淡灰钙土、潮土，其中灌淤土集中分布于大通河和湟水河的河谷Ⅰ、Ⅱ级阶地。黄绵土在全区均有分布，主要分布于湟水流域。灰钙土主要分布于海拔为1 590～1 770 m的位置。

1.3.9.1 灌淤土

灌淤土是陇中重要的土类之一，最为典型的分布区在甘肃省兰州市红古区，其主要集中于大通河和湟水河的河谷Ⅰ、Ⅱ级阶地区域，为灌溉农业土壤，全区共有3 814.1 hm²，占川水地面积为97.8%。这里有谷丰渠、涅惠渠、窑街二渠、海石渠自流灌溉，灌溉条件优越，主要生产粮食作物和经济作物，对发展红古区经济有举足轻重的作用。

灌淤土全剖面发育层次较明显，上层厚度为56 cm左右，有机质含量达1%以上，由于在淋溶过程中易溶性盐分和石灰部分溶解，全剖面仍具有石灰反应，没有明显的淀积层。本区域灌淤土分2个亚类，4个土属，6个土种。厚层灌淤土属又分4个土种，即红吃劲土、黄吃劲土、厚层漏沙土和灰茬土。

1.3.9.2 灰钙土

本区灰钙土面积为44 994.6 hm²，占全区土地面积的81.72%，其中川水地约为107.5 hm²，占灰钙土面积的0.24%，分布有Ⅰ～Ⅱ级阶地，海拔为1 590～1 770 m，耕灌灰钙土为67.5 hm²，分布在河咀乡柳家村、白土路；耕灌淡灰钙土为40 hm²，分布在红古镇新建以北，地势平坦，利于机耕，是本区发展农业生产的精华地带。坪台地为3 547.5 hm²，大部分是水浇地，也有小部分旱地，分布有Ⅲ～Ⅳ级阶地，海拔为1 800～1 940 m，地势较平坦，经平田整地，创造条件后可以机耕。山旱地和坡地为41 886.8 hm²，是未耕种的自然土壤，分布在海拔1 940～2 400 m，沟壑纵横，支离破碎，表面覆盖着黄土，土层深厚不等，供肥力差，水土流失严重。

1.3.9.3 黄绵土

黄绵土在山旱地、坪台地、川水地中都有分布，海拔在1 770～1 850 m之间，其中在川水地中主要分布于湟水河流域的海石湾一带和红古镇新庄村、平安上滩村，面积达126.4 hm²，占川水地总面积的3.11%。川水地黄绵土类分黄绵土属，再分川水地黄绵土种。黄绵土是黄土性土壤，是黄土母质经耕种熟化形成的。黄绵土在形成过程中受黄土母质的影响特别明显，本区自然黄绵土和黄土由风吹形成。川地黄绵土成土母质是过去和近代丘陵梁饰和坪台黄土经洪积、坡积和冲积的次生沉积物。

黄绵土是在自然因素与耕种熟化共同作用下形成的土壤类型，它的成土过程视土壤侵蚀状况而异，如地形平坦、侵蚀较轻则发生表层腐殖质累积、石灰的淋溶和淀积等过程，如果这些过程能顺利进行，土壤则向黑淤土过渡，如因遭遇强烈的反复侵蚀而不存在深厚的腐殖质层，则形成黄绵土。黄绵土由于成土母质为黄土沉积物，土壤颗粒以粉砂为主，质地一般为沙壤至轻壤，粉砂粒一般占60%以上，整个土体变化较小，只有下层有变细的趋势。耕作层由于耕作施肥、侵蚀和沉积的影响，质地有变粗的趋势。

1.3.9.4　潮土

本区潮土面积仅有18.6 hm^2，是红古区土类中面积最小的一个土类，占川水地面积0.46%。潮土类分潮土和湿潮土两个亚类，亚类中又分为湿潮土和上潮土两个土属，再分为底砂上潮土和中位湿潮土两个土种。其分布在窑街镇红山村大通河新河沿一带，上潮土面积为9.6 hm^2，地下水位在50～70 cm，受大通河季节性水位上涨的影响，农作物有被水淹没的危险。春秋返潮，局部洼地积水，影响春播，夏季地下水位降落，地表稍干并出现轻微的盐霜，对作物影响程度较轻，农民称这种土壤为上潮土。

这类土壤由于地下水位高，人为活动差，土壤熟化程度低，灌耕熟化层薄，氧化还原层部位高，局部洼地耕作层之下就出现氧化还原层，故土壤水、肥、气、热不协调。土壤潮湿，土性阴凉，养分转化速度慢，土壤耕性差，春季易返潮。退潮后，土壤僵硬板结，耕层土体紧实，通透性差，适耕期短，而且耕后土块大、坚硬。

调查区土壤pH值为8.0～8.8，耕层土壤pH值平均为8.26；碳酸钙含量变幅在8.44%～14.17%，平均为11.44%；土壤剖面耕作层（0～20 cm）、犁底层、心土层和底土层的平均全盐量分别为0.17%、0.17%、0.19%和0.16%。心土层有明显的盐分沉积作用，在干旱和排水不良的环境条件下，容易返盐和导致次生盐渍化。

1.4　社会经济

1.4.1　行政区划和人口

本次调查评估区域涉及的县区包括红古区（窑街街道、下窑街道、矿区街道、海石湾镇、红古镇、花庄镇、平安镇）和永靖县（西河镇、盐锅峡镇）。

红古区属于甘肃省兰州市，地域面积约为519 km^2。全区有4个街道和4个镇：窑街街道、下窑街道、矿区街道、华龙街道，海石湾镇、花庄镇、平安镇、红古镇。据兰州市2023年统计年鉴统计可知，截至2022年，全区常住人口有14.41万人，其中，城镇户籍人口有10.96万人，农村户籍人口有3.45万人，城镇化率达到76%以上；人口性别构成上，男性为7.50万人，女性为6.91万人；人口民族构成上，包括汉、回、满、东乡、藏、蒙古等17个民族，少数民族人口约占全区总人口的9.4%，其中回族约占9%。人口年龄构成上，红古区0～14岁人口为2.31万人，占总人口比重的16.03%；15～64岁人口为10.07万人，占总人口比重的69.88%；65岁及以上人口为2.03万人，占总人口比重的14.09%。

永靖县现辖10镇7乡，10个居委会，139个行政村，1 114个村民小组。全县少数民族主要有回族、东乡族、保安族、藏族和土族等。根据临夏州2023年统计年鉴统计结果可知，截至2022年末，全县总户籍人口为20.90万人，从性别结构来看，男性有10.68万人，女性有10.22万人；城镇户籍人口有8.29万人，农村户籍人口有12.61万人。常住人口有17.85万人，比上年减少了0.03万人，在常住人口中男性有8.97万人，女性有8.88万人，人口性别比值为101.01（以女性为100计算）。从城乡分布来看，城镇人口有9.49万人，占常住人口比重（常住人口城镇化率）为53.16 %，比上年提高了0.22个百分点。全县出生人口有0.19万人，出生率为10.63‰；死亡人口有0.14万人，死亡率为7.84‰，人口自然增长率为2.80‰。

1.4.2 交通条件

红古区交通便利，109国道、京藏高速公路、兰青铁路、兰铝铁路专用线贯穿全境，是内地通往青海、西藏的咽喉通道，也是连接亚欧大陆桥的战略通道。

永靖县建有兰州至刘家峡、兰州达川至临夏折桥两条二级公路，境内国道568线、309线，省道105线、106线、230线与通往兰州、西宁的高速公路相连，铁路专用线与兰青铁路相通，兰州至刘家峡沿黄河一级公路建成通车，兰刘高速公路已被列入省级高速规划S24线。

1.4.3 水利设施

调查区域主要位于湟水流域红古区，该区域水利工程供水主要有渠道引水和大通河、湟水泵站取水两部分。据统计，区内现有引水工程4处，农村集中式供水工程7处，城乡集中式供水工程9处。各类灌溉泵站142座，其中：中型4座，小（1）型47座，小（2）型91座。水窖1 009座。干、支渠129 km，其中衬砌防渗渠道47 km，仅占36%。全区已建成的供水工程设施，基本形成了以地表水为主，自流灌溉和电力提灌相结合的水利工程体系。

1.4.4 矿产资源

红古区成矿地质条件较优越，矿产资源相对丰富。目前，全区已发现各类矿产15种，包括能源煤、油页岩、石油矿产3种，金属矿产铁、镍、铬3种，贵金属砂金矿产1种，非金属矿产建筑用砂、石料、砖瓦及水泥黏土、蛇纹岩、铝土页岩、烧变岩、耐火黏土等8种，其中煤、油页岩、建筑用砂石和黏土4类矿产是全区的主要矿产，已探明煤炭和油页岩2种，且主要赋存于红古区西部。建筑用砂石沿大通河、湟水河谷地带分布。

永靖县境内已探明的矿产资源按其用途可分为固体可燃矿产、黑色金属、有色金属、贵金属、稀有金属、化学原料、矿物肥料、陶瓷原料、建筑及耐火材料、砖瓦黏土等11类25种。规模较大并且有一定储量的矿产有：黑色金属锰矿、有色金属铜矿，非金属矿产有石灰岩、玄武岩、白云岩、重晶石、滑石、辉绿石、花岗闪长岩、角砾岩、石膏、钾长石、沸石、硅石，以及建筑材料、化学原料、砖瓦黏土等5类14种。

1.4.5 经济发展

红古区矿产资源种类众多，储量丰富，电力充足，水资源丰富，在此基础上形成了以方大新科技材料有限责任公司、窑街煤电集团公司、窑街劣质煤热电厂、中国铝业兰州分公司、中国铝业兰州分公司自备电厂、兰州祁连山红古有限责任公司等为代表的碳素、电力、煤炭、有色、建材为主导的5个工业行业。根据红古区2023年统计公报可知，截至2022年，红古区全年实现地区生产总值达146.11亿元，增速为5.6%，其中，第一产业增加值为6.23亿元，增速为4.6%；第二产业增加值为91.97亿元，增速为3.3%，规模以上工业增加值较上年增长3.4%；第三产业增加值为47.91亿元，增速为8.8%，全区人均GDP达到1.014万元。同时，全区固定资产投资额为39.7亿元，增速为10.3%；社会消费品零售总额为29.65亿元，增速为4.3%；城镇和农村居民人均可支配收入为38 809元、26 550元，分别增长4.5%、5.9%。

永靖县是甘肃省临夏州典型的生态农业重点发展县，根据永靖县2023年国民经济统计资料可知，2022年，永靖县地区生产总值为75.80亿元，比上年增长5.47%。其中，第一产业增加值为20.35亿元，增长8.08%；第二产业增加值为26.34亿元，增长4.62%；第三产业增加值为29.09亿元，增长4.79%。三个产业结构比为26.85∶34.76∶38.39。按常住人口计算，人均地区生产总值为42 429元，比上年增长11.16%。万元地区生产总值能耗比上年下降3.04%。

1.4.6 农业发展

红古区是农业、牧业发展的重点区域，粮食作物、蔬菜、瓜果、禽畜养殖等多元农业呈规模发展趋势。区内耕地总面积为19.6万亩（1亩≈666.67平方米），其中川水地9.85万亩，山台地9.75万亩，人均占有耕地1.34亩。区内土地利用率较高。复种面积所占比重在80%以上，粮菜轮作、间作普遍。农作物播种面积达16.9万亩，红古区农业资源得天独厚，分布在大通河和湟水两条河谷地带的优质耕地有7.2万亩，境内的谷丰渠、湟惠渠、海石渠、窑街二渠4条灌渠形成了完善的自流灌溉体系，覆盖全区绝大多数耕地。位于川区北部的47个坪台地总面积为9.75万亩，可开发利用面积有6.19万亩，现已开发3.5万亩。红古区农业已基本形成以精细蔬菜、高效养殖、优质果品、农产品深加工为主的支柱产业和牧草、水产、花卉、食用菌等特色产业。红古区也是甘肃省兰州市高效农业示范园区和无公害蔬菜生产基地，粮食作物以小麦、玉米为主，经济作物以水果、蔬菜为主，主要有大白菜、西红柿、菜花、莲花菜、地膜土豆、草莓、西甜瓜、苹果等。

永靖县2022年农业总产值为358 762.34万元，增长9.6%。在种植业方面，全县粮食种植面积为22.82万亩，较上年增加0.08万亩，增长0.35%。其中，夏粮种植面积为2.22万亩，减少了0.24万亩，下降9.86%；秋粮种植面积为20.6万亩，增加了0.32万亩，增长1.58%。蔬菜种植面积为8.38万亩，增加了0.31万亩，增长3.74%。油料种植面积为0.54万亩，减少了0.73万亩，下降57.23%。中药材种植面积为3.48万亩，增加了0.59万亩，增长20.43%。粮食总产量为84 462.16 t，增长2.67%。其中，夏粮产量为4 780.59 t，下降11.81%；秋粮产量为79 681.57 t，增长3.69%。小麦产量为4 550 t，下降4.75%；玉米产量为63 186.95 t，增长4.54%；马铃薯产量为16 347.73万t，下降0.16%。蔬菜产量为178 638.98 t，增长3.29%。中药材产量为13 725.6 t，增长24.45%。水果产量为20 867.03 t，增长6.66%。养殖业方面，全县猪牛羊禽肉产量为12 658.41 t，增长8.05%；牛存栏1.31万头，增长5.32%；牛出栏0.27万头，增长14.37%；羊存栏16.50万只，增长6.98%；羊出栏13.80万只，增长9.24%；生猪存栏12.70万头，增长1.37%；生猪出栏12.71万头，增长7.74%；鸡存栏51.45万只，增长6.02%；鸡出栏40.04万只，增长2.93%。

2 流域环境现状调查

2.1 近60年径流变化特征分析

湟水流域地处甘青两省交界区，是黄河上游最大的一级支流，主要由湟水干流及其支流大通河组成。流域水资源量相对丰富，河谷深切，水流急、落差大、流量均匀、工程地质条件好，开发水能资源条件优越。流域水能资源开发已成为辐射和带动当地经济发展、农民脱贫致富的着力点和地方新的经济增长点。随着流域水资源开发利用率的逐步提高，水能资源开发力度的加大，部分生态环境问题日益呈现，逐步成为制约湟水流域经济社会可持续发展的重要因素。分析湟水干流径流变化规律及趋势，对湟水流域水资源开发利用具有重要的现实意义。本研究根据湟水干流海晏、西宁和民和水文站1956—2015年60年的天然径流基础资料，对湟水干流径流年内年际变化特征、趋势、突变状况及周期进行一系列数据分析。

2.1.1 径流年内变化特征分析

湟水干流径流主要来源于大气降水，其中以雨水补给为主，雪水补给为辅。由图2-1可知，湟水干流受上游冰雪融水和降雨补给影响，有春、夏两个汛期，年径流过程线呈双峰。春汛主要集中在4月份，占全年径流量的比例约为10%；夏汛主要集中在7～10月份，占全年径流量的比例约为50%；最小径流量出现在1～3月份，占全年径流量10%左右。各水文站径流量季节分配规律基本一致，均为夏季径流量 > 秋季径流量 > 春季径流量 > 冬季径流量。

2.1.2 径流年际变化特征分析

海晏、西宁、民和站多年平均径流量分别为$1.27\times10^8\ m^3$、$13.23\times10^8\ m^3$、$20.86\times10^8\ m^3$。3个站年径流量最大值出现在1989年，最小值分别为$0.78\times10^8\ m^3$（海晏站，1980年）、$7.75\times10^8\ m^3$（西宁站，1973年）、$12.65\times10^8\ m^3$（民和站，1991年）。

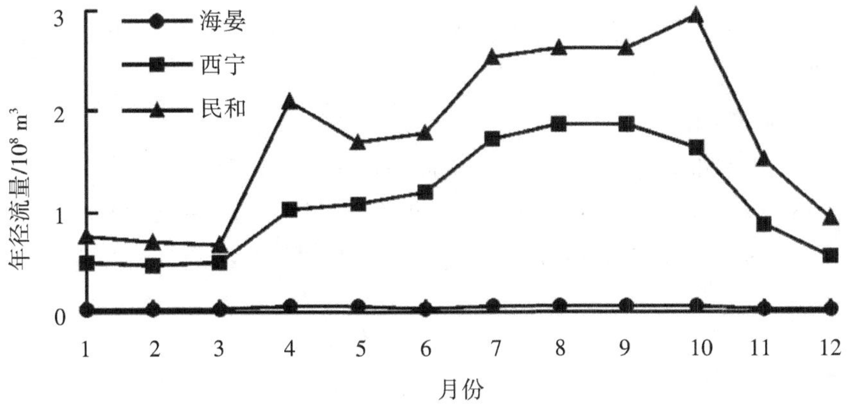

图2-1 湟水干流水文站径流年内分配曲线

根据近60年来湟水干流逐年径流累计距平曲线（见图2-2）可知，海晏、西宁、民和3个站变化趋势基本一致，1956—1968年，累计距平值持续增加，表明时段距平值持续为正，处于丰水期；1969年开始，累计距平值呈减小趋势，表明时段距平值持续为负，处于枯水期；1982—1990年，径流量又不断增加，处于丰水期；1991—2004年，径流量波动频繁，呈下降趋势；2005—2015年，径流量又不断增加，处于丰水期。

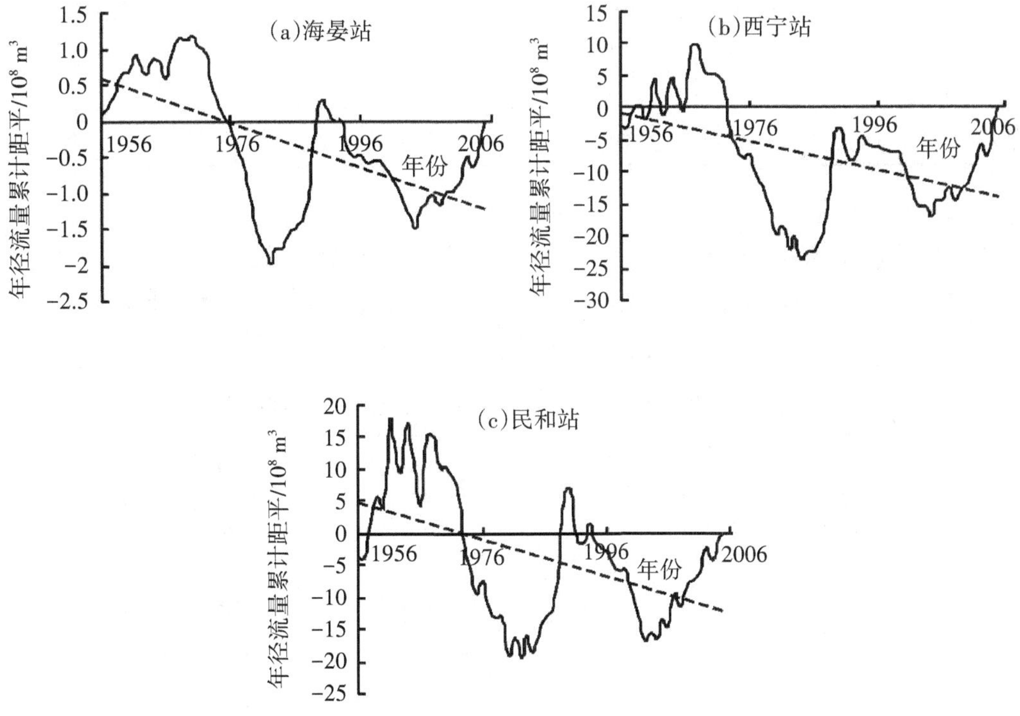

图2-2 1956—2015年湟水干流3个水文站年径流累计距平曲线

3个站变化趋势基本相似，1956—1971年年径流量呈增加趋势，1972—1982年呈减少趋势，1983—1992年呈增加趋势，1992—2015年径流量变化不大。总体上，流域年径流量呈增加趋势，但趋势不明显。

2.1.3 径流周期特征分析

海晏、西宁、民和3个站周期性变化特征基本一致，在25年内，经历了“丰—枯—丰—枯—丰”5个循环交替，其中1956—1965年为丰水年，1966—1982年、1993—2004年为枯水年。按照25年的周期特征推算，径流量增加趋势将持续到2025年左右，目前处于丰水期。

2.2 泥沙特性分析

2.2.1 年际变化

民和站多年平均输沙量为1 650万t，多年平均含沙量为10 kg/m³，输沙模数为1 075 t/(km²·a)。年最大输沙量为5 640万t（1961年），年最小输沙量为345万t（1991年），历年最大最小输沙量相差16.30倍。该站历年最大、最小年输沙量与历年最大、最小年径流量出现的时间是同步的。民和站多年平均输沙量特征值见表2-1。

表2-1 民和站输沙量多年变化特征（1950—2000年）

项目	多年平均输沙量(10^4 t)	最大年输沙量			最小年输沙量			最大与最小年输沙量比
		年份	输沙量(10^4 t)	与多年平均比	年份	输沙量(10^4 t)	与多年平均比	
特征量	1 650	1961	5 640	3.40	1991	345	0.21	16.30

2.2.2 年内变化

湟水的沙量在年内分布极不均匀，连续4个月最大输沙量出现在6～9月，占全年输沙量的91.50%；最大月输沙量出现在8月，占全年的41.90%；最小月输沙量出现在1月，输沙量基本为零。民和站多年平均输沙量年内分配见表2-2。

表2-2 民和站多年平均输沙量年内分配（1950—2000年）

月份	1	2	3	4	5	6	7	8	9	10	11	12	全年
输沙量(t)	0	1.8	11.7	36.4	64.4	128	495	691	195	21.6	3.3	1.8	1 650
占全年输沙量百分率(%)	0	0.10	0.7	2.2	3.9	7.8	30	41.9	11.8	1.3	0.2	0.1	100

2.2.3 泥沙来源特性分析

通过对湟水民和站、西宁站1950—2000年水沙组成分析发现（见表2-3），民和站多年平均径流量为16.53亿m^3，年平均输沙量为1 650万t，多年平均含沙量为9.98 kg/m^3。整个湟水流域平均输沙模数为1 075 t/(km^2·a)。湟水西宁站多年平均径流量为10.20亿m^3，多年平均输沙量为343万t，多年平均含沙量为3.46 kg/m^3。湟水79.20%的泥沙来源于西宁以下地区，61.70%的水量来源于西宁以上地区，湟水具有水沙异源的特点。湟水西宁—民和区间输沙模数为2 068 t/(km^2·a)左右，为湟水西宁以上输沙模数的5～6倍。流域平均输沙模数在地区上的变化规律为自上游向下游加大，湟水中下游地区部分支流水土流失仍比较严重。

表2-3 湟水西宁、民和站及区间水沙量组成（1950—2000年）

区间名称	控制面积(km^2)	区间及测站面积占民和站的百分率(%)	径流量(10^8 m^3)	区间及测站径流量占民和站的百分率(%)	输沙量(10^4 t)	区间及测站输沙量占民和站的百分率(%)	含沙量(kg/m^3)	输沙模数[t/(km^2·a)]
西宁	9 022	58.8	10.2	61.7	343	20.80	3.46	391
西宁—民和	6 320	41.2	6.33	38.3	1 307	79.2	20.6	2 068
民和	15 342	100	16.53	100	1 650	100	9.98	1 075

2.3 水资源量及利用现状分析

2.3.1 水资源量

湟水干流河长为374 km，全流域控制面积为32 863 km^2（包括大通河支流），年径流量为46.3亿m^3，共有大小支流百余条，其中流域面积500 km^2以上的支流有11条。

民和县湟水水系总流域面积为1 257.9 km^2，占全县土地面积的66.6%，共有10条支流，流域总长度为235.2 km，多年平均流量为5.88 m^3/s，年总径流量为1.855 1亿m^3。根据《青海省民和县2020年水资源利用及对策报告书》可知，民和县自产水资源总量为2.58亿m^3，其中湟水流域为1.92亿m^3。过境水为200.69亿m^3，其中湟水流域为20.30亿m^3。

红古区境内地表水资源丰富，大通河、湟水两大河流交汇于海石湾，并纵贯全区各乡镇后向东流入黄河，是工农业生产用水的主要水源。根据2018年水资源公报可知，区域内地表水资源量为3.65亿m^3，地下水资源量为1.11亿m^3，水资源总量为4.76亿m^3。红古区境内地下水主要是四季潜水和基岩裂隙水，湟水和大通河沿岸的河滩地下水，因与河流有水力联系，得到河流补给，沙砾层中有一定量的储存，可供开发利用。

根据《甘肃省兰州市县级行政区用水总量控制指标》中兰州市8个县级行政区的

用水量及许可水量可知，分配至红古区的地表水可利用量为2.559亿m^3，地下水允许开采量为0.022亿m^3，水资源可利用总量为2.581亿m^3。

2018年甘肃省大通河和湟水流域地表水资源量见表2-4。

表2-4　2018年甘肃省大通河和湟水流域地表水资源量

流域分区	计算面积（km^2）	径流量（亿m^3）	径流深（mm）	多年平均径流量（亿m^3）	入境水量（亿m^3）
大通河享堂以上	2 118	3.09	145.7	3.44	26.30
湟水	1 691	0.55	32.8	0.60	26.81

2018年甘肃省大通河和湟水流域地下水资源量见表2-5。

表2-5　2018年甘肃省大通河和湟水流域地下水资源量

流域分区	山丘区(亿m^3)			分区地下水资源量（亿m^3）	纯地下水资源量（亿m^3）
	河川基流量	开采净消耗量	地下水资源量		
大通河享堂以上	0.864 2	/	0.864 2	0.864 2	0.864 2
湟水	0.030 4	0.218 7	0.249 1	0.249 1	0.218 7

2018年甘肃省大通河和湟水流域水资源总量见表2-6。

表2-6　2018年甘肃省大通河和湟水流域水资源总量

流域分区	计算面积（km^2）	地表水资源量（亿m^3）	地下水资源量（亿m^3）	重复计算量（亿m^3）	水资源总量（亿m^3）	产水模数（万m^3/km^2）
大通河享堂以上	2 118	3.09	0.86	0.86	3.09	14.57
湟水	1 691	0.55	0.25	0.03	0.77	4.57

2.3.2　水资源特点

湟水流域水资源在民和县和红古区时空分布不均，年内降雨主要集中在秋季，干流及较大支流7～10月占全年径流量的比重大，河川径流年际变化较大。3～6月是农用需水季节，干旱少雨，境内各沟道普遍缺水。民和县和红古区人均水量、耕地面积亩均水量均低于湟水流域平均水平，为贫水地区。民和县和红古区自产水资源量缺乏，但因黄河、湟水、大通河流经两县，过境地表水资源较丰富。区域内地下水主要是潜水和基岩裂隙水，水量贫乏，矿化度较高，水质差，属弱碱性水，无法利用。

2.3.3 水资源利用现状

红古区地表水资源主要依靠过境的湟水与大通河，地下水资源匮乏，水资源的分布与耕地、人口及经济布局不相匹配。区内农业灌溉主要依靠窑街二渠、海石渠、谷丰渠、湟惠渠等4条自流渠道从大通河和湟水引水灌溉，部分农田、企业生产生活和区内城镇乡村居民生活用水通过提水工程进行取水。

据统计，区内现有引水工程4处，农村集中式供水工程7处，城乡集中式供水工程9处。各类灌溉泵站142座，其中：中型4座，小（1）型47座，小（2）型91座。水窖1 009座。干、支渠总长度为129 km，其中衬砌防渗渠道为47 km，仅占36%。全区已建成的供水工程设施，基本形成了以地表水为主，自流灌溉和电力提灌相结合的水利工程体系。

根据2018年水资源公报可知，2018年湟水和大通河供水量为1.296亿m^3，其中，河湖引水工程供水为0.893亿m^3，提水泵站工程供水为0.192亿m^3，其他水源供水为0.035亿m^3。总用水量为1.295 3亿m^3，农田灌溉用水为0.65亿m^3，占总用水量的50.18%；工业用水为0.53亿m^3，占总用水量的40.92%；城镇生活用水为0.044亿m^3，占3.4%；乡村生活用水为0.017亿m^3（人饮工程集中供水），占1.31%；生态环境用水为0.013 6亿m^3，占1.05%。

2018年甘肃省大通河和湟水流域供水量情况见表2-7。

2018年甘肃省大通河和湟水流域用水量情况见表2-8。

2018年甘肃省大通河和湟水流域耗水量情况见表2-9。

表2-7 2018年甘肃省大通河和湟水流域供水量

流域分区	地表水源供水量（亿m^3）				地下水源供水量（亿m^3）		其他水源供水量（亿m^3）		总供水量（亿m^3）
	蓄水	引水	提水	小计	浅层水	小计	雨水利用	小计	
大通河享堂以上	0.024 0	0.071 0	0.006 1	0.101 1	0.078 9	0.078 9	0.034 5	0.034 5	0.214 5
湟水	0.074 6	0.821 7	0.186 2	1.082 5	/	/	/	/	1.082 5

表2-8　2018年甘肃省大通河和湟水流域用水量

流域分区	农田灌溉用水量（亿 m^3）				林牧渔畜用水量（亿 m^3）		工业用水量（亿 m^3）			城镇公共用水量（亿 m^3）			居民生活用水量（亿 m^3）			生态环境用水量（亿 m^3）			总用水量（亿 m^3）
	水浇地	菜田	小计	其中地下水的含量	牲畜用水	小计	国有及规模以上	规模以下	小计	建筑业	服务业	小计	城镇	农村	小计	城镇环境	农村生态	小计	
大通河享堂以上	0.147 1	0.021 6	0.168 7	0.078 9	0.011 3	0.011 3	0.012 5	0.002 1	0.014 6	0.000 2	0.003 0	0.003 2	0.006 1	0.009 1	0.015 2	0.001 5	/	0.001 5	0.212 8
湟水	0.263 7	0.217 8	0.481 5	/	0.008 4	0.008 4	0.488 2	0.027 3	0.515 5	0.002 3	0.017 5	0.019 8	0.037 6	0.007 6	0.045 2	0.012 1	/	0.012 1	1.082 5

表2-9 2018年甘肃省大通河和湟水流域耗水量（一）

流域分区	农田灌溉耗水量				林牧渔畜耗水量				工业耗水量			
	水浇地		菜田		林牧渔灌溉及补水		牲畜		火(核)电		一般工业	
	耗水率(%)	耗水量(亿m^3)	耗水率(%)	耗水量(亿m^3)	耗水率(%)	耗水量(亿m^3)	耗水率(%)	耗水量(亿m^3)	耗水率(%)	耗水量(亿m^3)	耗水率(%)	耗水量(亿m^3)
大通河享堂以上	69.0	0.101 5	71.0	0.015 3	64.0	/	96.0	0.010 8	40.0	/	32.0	0.004 7
湟水	68.0	0.179 3	71.0	0.154 6	64.0	/	96.0	0.008 1	40.0	/	32.0	0.165 0

表2-9 2018年甘肃省大通河和湟水流域耗水量（二）

流域分区	城镇公共耗水量				居民生活耗水量				生态环境耗水量				总耗水量	
	建筑业		服务业		城镇		农村		城镇环境		农村生态			
	耗水率(%)	耗水量(亿m^3)	耗水率(%)	耗水量(亿m^3)	耗水率(%)	耗水量(亿m^3)	耗水率(%)	耗水量(亿m^3)	耗水率(%)	耗水量(亿m^3)	耗水率(%)	耗水量(亿m^3)	耗水率(%)	耗水量(亿m^3)
大通河享堂以上	70.0	0.000 1	48.0	0.001 4	34.0	0.002 1	94.0	0.008 6	68.0	0.001 0	55.0	/	67.8	0.145 5
湟水	70.0	0.001 6	48.0	0.008 4	34.0	0.012 8	94.0	0.007 1	68.0	0.008 2	54.0	/	50.4	0.545 1

2.4 地表水环境质量调查分析

2.4.1 水功能区划

根据甘肃省地表水功能区划（2012—2030年）可知，评估区所涉及的流域范围均处于黄河流域一级水功能区，分别为“湟水青甘缓冲区”和“大通河甘青缓冲区”。两段水域的水质目标分别为Ⅳ类和Ⅲ类。评估区所涉及的水功能区具体情况见表2-10。

表2-10 调查流域涉及的一级水功能区具体情况

序号	一级水功能区名称	流域	水系	河流	范围		长度(km)	水质目标	代表断面	备注
					起始断面	终止断面				
1	湟水青甘缓冲区	黄河	湟水	湟水	民和水文站	入黄口	74.3	Ⅳ	海石湾	全国重要,青甘省界河段
2	大通河甘青缓冲区	黄河	湟水	大通河	大砂村	入湟水口	14.6	Ⅲ	窑街	全国重要,甘青省界河段

2.4.2 水环境质量监测调查

调查采用现场采样监测方式进行。依据《地表水和污水监测技术规范》(HJ/T 91—2002),综合考虑监测断面覆盖范围、干流和支沟的代表性,污染源的分布特点以及采样的便捷性等因素,重点在汇水处上下游、水利工程影响处和行政区划交界处,设置本项目监测断面。

监测周期分为丰水期(2018年9月10日～17日)和枯水期两期(2019年3月23日～26日)。监测因子为:水温、pH、溶解氧、高锰酸盐指数、CODcr、BOD_5、氨氮、总磷、铜、锌、氟化物、硒、砷、汞、镉、六价铬、铅、氰化物、挥发酚、石油类、阴离子表面活性剂、硫化物、粪大肠菌群、硫酸盐、氯化物、硝酸盐、铁、锰、三氯甲烷、四氯化碳、三溴甲烷、二氯甲烷、1,2-二氯乙烷、环氧氯丙烷、氯乙烯、1,1-二氯乙烯、1,2-二氯乙烯、三氯乙烯、四氯乙烯、氯丁二烯、六氯丁二烯、苯乙烯、甲醛、苯、甲苯、乙苯、二甲苯、异丙苯、氯苯、1,2-二氯苯、1,4-二氯苯、百菌清、苯并芘、甲基汞、黄磷、钼、钴、铍、硼、锑、镍、钡、钒、铊、钛共66项。

根据现场监测结果可知,除枯水期民和桥断面为Ⅳ类水质外,其余断面在丰水期、枯水期均达到Ⅲ类水质标准,断面水质类别达到“优”或“良好”。具体断面水质状况见表2-11。

表2-11 现场监测断面水质类别状况

序号	断面名称	周期	水质类别	水质状况
1	享堂桥	丰、枯水期	Ⅰ～Ⅱ类水质	优
2	民和桥	丰水期	Ⅲ类水质	良好
		枯水期	Ⅳ类水质	轻度污染
3	川海大桥浮桥	丰水期	Ⅲ类水质	良好
		枯水期	Ⅰ～Ⅱ类水质	优

续表2-11

序号	断面名称	周期	水质类别	水质状况
4	咸水沟入湟水之前	枯水期	Ⅲ类水质	良好
5	隆治沟入湟水之前	丰、枯水期	Ⅲ类水质	良好
6	金星电站大坝	丰水期	Ⅲ类水质	良好
		枯水期	Ⅰ～Ⅱ类水质	优
7	新庄电站大坝	丰、枯水期	Ⅰ～Ⅱ类水质	优
8	湟惠电站大坝	丰水期	Ⅰ～Ⅱ类水质	优
		枯水期	Ⅲ类水质	良好
9	湟水桥	丰水期	Ⅰ～Ⅱ类水质	优
		枯水期	Ⅲ类水质	良好

依据《地表水环境质量评价方法（试行）》中的断面水质类别比例法进行评价，即根据评价河流、流域（水系）中各水质类别的断面数占河流、流域（水系）所有评价断面总数的百分比来评价其水质状况。计算得知，采用断面水质类别比例法评价河流整体水质现状，甘肃省湟水流域水质状况为“良好”。

2.5 水体累积风险调查分析

2.5.1 指标选择

为掌握甘肃省湟水流域累积风险状况，本次调查与评估通过资料收集和实地走访了解湟水流域工业企业、农业生产、畜禽养殖分布和化学物质使用情况，并选取了本次评价的风险累积评估指标。具体见表2-12。

表2-12 湟水流域累计风险评估指标

序号	指标类型	指标名称
1	有毒有害有机物类（27项）	三氯甲烷、四氯化碳、三溴甲烷、二氯甲烷、1,2-二氯乙烷、环氧氯丙烷、氯乙烯、1,1-二氯乙烯、1,2-二氯乙烯、三氯乙烯、四氯乙烯、氯丁二烯、六氯丁二烯、苯乙烯、甲醛、苯、甲苯、乙苯、二甲苯、异丙苯、氯苯、1,2-二氯苯、1,4-二氯苯、百菌清、苯并芘、甲基汞、黄磷
2	重金属类(18项)	钼、钴、铍、硼、锑、镍、钡、钒、钛、铊、铜、锌、硒、砷、汞、镉、铬(六价)、铅

2.5.2 评价结果

根据本次调查于丰水期和枯水期对3个断面进行现场采样监测结果可知，所有点位的有毒有害有机物类指标均未检出，有毒有害有机物类累积风险等级为“一级，低”；重金属类综合风险指标经计算在丰水期时为0.45（累积风险等级为“二级，较低”），枯水期时为0.77（累积风险等级为“三级，一般”）。

根据计算结果可知，甘肃省湟水流域重金属类累积风险较大；从监测周期比较来看，枯水期重金属累积风险显著大于丰水期。依据单因子指数法对重金属单项指标进行分析可知，丰水期和枯水期检测出的重金属物质基本一致，主要为硼、镍、钡、硒、砷、铬（其中硼、砷、硒为类金属）；同一种重金属物质，枯水期污染指数明显大于丰水期。

2.6 水源地水质现状调查分析

2.6.1 水源地基本情况

甘肃省湟水流域评估区目前有4处集中式饮用水水源地，其中包括2处城镇饮用水水源地（窑街饮用水水源地、海石湾饮用水水源地）和2处乡镇饮用水水源地（花庄镇饮用水水源地、平安镇饮用水水源地）。

2.6.2 水质现状调查

水源地环境质量调查根据海石湾、窑街、花庄、平安4个集中式饮用水水源地2016—2018年连续3年的监测数据进行分析。海石湾、窑街水源地为城镇集中式饮用水水源地，每季度监测1次（61项），每两年进行1次全分析（109项）；花庄、平安水源地为乡镇型集中式饮用水水源地，每年进行1次监测（61项）。结果显示，4个水源地均达到《地表水环境质量标准》（GB 3838—2002）中的Ⅲ类水质标准，达标率为100%。

2.7 土地利用调查分析

利用遥感解译手段调查甘肃省湟水流域范围内的土地利用情况，遥感解译使用的信息源为高分一号遥感影像，卫星全色分辨率为2 m，多光谱分辨率为8 m，数据获取时间为2018年7月至9月。

2.7.1 土地利用现状

本研究根据实地调查和遥感卫星影像，将湟水流域土地利用情况划分为10个一级类型和26个二级类型，具体的一级土地利用类型为：园地、林地、草地、耕地、工矿仓储用地、公共管理与公共服务用地、交通用地、水域及水利设施用地和其他用地10类。分析调查区的土地利用现状可知，草地面积最大，占比67.16%；其次为耕地，占比16.95%；林地和公共服务用地最少，占比分别为0.96%和0.32%。

湟水流域土地利用统计见表2-13、图2-3。

表2-13 湟水流域土地利用统计表

Ⅰ级分类	Ⅱ级分类	面积(km^2)	比例(%)
耕地	旱地	32.372	4.868
	水浇地	80.058	12.038
园地	果园	7.443	1.119
	其他园地	0.383	0.058
林地	有林地	1.816	0.273
	其他林地	4.052	0.609
	灌木林地	0.479	0.072
草地	天然牧草地	2.578	0.388
	人工牧草地	2.061	0.310
	其他草地	440.781	66.279
工矿仓储用地	采矿用地	14.881	2.238
住宅用地	城镇	27.842	4.186
	村庄	19.031	2.862
公共管理与公共服务用地	风景名胜及特殊用地	2.150	0.323
交通用地	铁路用地	1.849	0.278
	公路用地	5.334	0.802
	农村道路	0.031	0.005
水域及水利设施用地	河流水面	5.181	0.779
	坑塘水面	0.345	0.052
	沟渠	1.644	0.247
	内陆滩涂	3.191	0.480
	水工建筑用地	0.077	0.012
其他用地	设施农用地	1.516	0.228
	盐碱地	0.013	0.002

续表2-13

Ⅰ级分类	Ⅱ级分类	面积(km^2)	比例(%)
	沼泽地	0.250	0.038
	裸地	9.678	1.455
合计		665.03	100.000

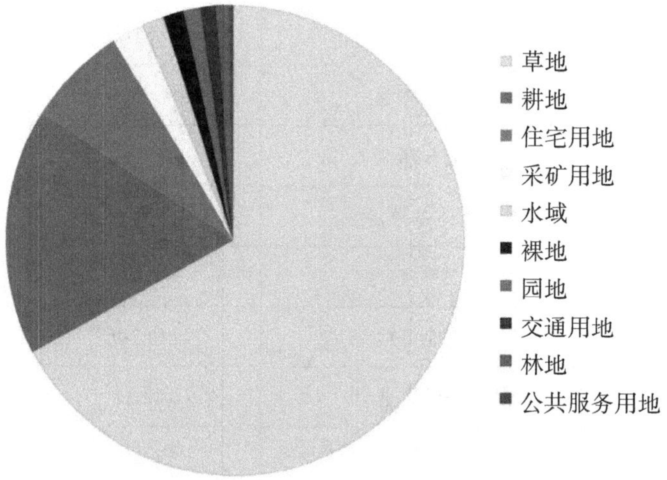

图2-3 调查区土地利用现状占比图

耕地：湟水流域耕地面积合计为112.43 km^2，主要分布在湟水沿岸地带，粮食作物以小麦、玉米为主，其中水浇地面积约为80.058 km^2，占总面积的12.038%；旱地面积约为32.372 km^2，占总面积的4.868%。

园地：湟水流域园地合计为7.83 km^2，主要分布在村庄、耕地周边。园地人工栽培植被主要为苹果、杏树、桃树、核桃、葡萄等。境内的果园面积约为7.443 km^2，占总面积的1.119%；其他园地面积约为0.383 km^2，占总面积的0.058%。

林地：湟水流域现有森林植被的空间分布具有明显的地带性差异特征。总的特征是：北部贫乏，南部较少，主要沿湟水两岸分布。森林植被主要为刺槐、山杨、槐、垂柳、枸杞、红砂、珍珠猪毛菜、合头草。境内林地合计为6.347 km^2，有林地面积约为1.816 km^2，占总面积的0.273%；灌木林地面积约为0.479 km^2，占总面积的0.072%；其他林地面积约为4.052 km^2，占总面积的0.609%。

草地：调查区草地合计为445.42 km^2，境内的天然牧草地面积约为0.388 km^2，占总面积的2.578%；人工牧草地面积约为2.061 km^2，占总面积的0.31%；其他草地面积约为440.781 km^2，占总面积的66.279%。植被主要为西伯利亚滨藜、盐生草、短花针茅、赖草、芨芨草、猪毛蒿、地肤、芦苇等。

工矿仓储用地：境内的采矿用地面积约为14.881 km^2，占总面积的2.238%。采矿用地主要分布在红古区窑街一带。

公共管理与公共服务用地：境内的风景名胜及特殊用地面积约为2.150 km^2，占总面积的0.323%。

住宅用地：调查区住宅用地合计为46.87 km^2，境内的城镇用地面积约为27.842 km^2，占总面积的4.186%；村庄面积约为19.031 km^2，占总面积的2.862%。

交通用地：流域范围内交通用地合计为7.214 km^2，公路总里程达487.45 km，公路道路面积密度达0.96 km/km^2。其中高速公路为44 km，二级以上公路为72 km，农村公路为371.45 km。境内的铁路用地面积约为1.849 km^2，占总面积的0.278%；公路用地面积约为5.334 km^2，占总面积的0.802%；农村道路用地面积约为0.031 km^2，占总面积的0.005%。

水域及水利设施用地：流域范围内水域主要为湟水及其支流，境内的河流水面面积约为5.181 km^2，占总面积的0.779%；坑塘水面面积约为0.345 km^2，占总面积的0.052%；沟渠面积约为1.644 km^2，占总面积的0.247%；内陆滩涂面积约为3.191 km^2，占总面积的0.48%；水工建筑用地面积约为0.077 km^2，占总面积的0.012%。

其他用地：境内的设施农用地面积约为1.516 km^2，占总面积的0.228%；盐碱地面积约为0.013 km^2，占总面积的0.002%；沼泽地面积约为0.250 km^2，占总面积的0.038%；裸地面积约为9.678 km^2，占总面积的1.455%。

2.7.2 土地利用空间布局分析

红古区境内由北向南交错分布着山地、梁峁、坪台、山坡、川滩、沟壑等多种地貌形态，地势北高南低向湟水倾斜。河谷地貌在本区比较发育，一、二级河流阶地及河漫滩被沟壑切割成大小不等的小平原，呈串珠状分布在湟水和大通河沿岸，当地人称川地，其海拔高度一般在1 590～1 820 m之间，占全区总面积的19.47%，地势平坦，利于机耕，水利条件较好，是本区发展工农业之精华地带；三、四级阶地被沟壑切割成几十亩至几千亩的坪台地，分布在山地前沿，海拔高度在1 700～1 940 m之间，占全区总面积的11.45%，地势起伏平缓，利于机耕，有发展小型提灌的良好条件，发展多种经营潜力巨大。目前，除少数台地因地块小、修建上水工程效益低而作为旱地耕作外，其他大部分台地都已引水上台；山地分布在北部，沟谷纵横，支离破碎，海拔最高处达2 455 m，表面覆盖以灰钙土为主，土层深厚，占全区总面积的69.08%，干旱少雨，土壤贫瘠，植被稀少，水土流失严重，生态环境脆弱，目前绝大部分属未利用土地。

红古区受特殊地貌条件的影响，其土地利用类型总体布局差异主要是川滩地、坪台地和山坡地的不同土地组合类型。大致来说，本区水浇地、菜地、果园、居民点及工矿用地、交通用地、水域大多布局于川滩地和坪台地，而北部山地主要土地利用类型是旱地、矿业用地和未利用土地。分布在大通河及湟水沿岸的河谷川滩地和坪台地，总面积约1.65×10^4 hm^2，集中了全区绝大部分人口和主要工农业生产活动，其中除河漫滩和一部分坪台地尚待开发外，其他土地资源大多得到开发和利用。这一区域耕地面积占全区耕地面积的93.9%，果园和城镇用地全部位于本区，水域、工矿用地、林地绝大部分也都分布在该区域内；北部山地现状面积为3.70×10^4 hm^2，这里生态环境脆弱，植被覆盖率低，除局部地区有开发利用外，绝大部分目前没有被利用，集中了全区大部分难以利用土地，目前主要以改善生态环境，为远期开发奠定基础。

2.8 水土流失调查分析

2.8.1 湟水流域水土流失现状

湟水流域是黄河中上游支流中水土流失较为严重区域之一。主要原因是该区域土质疏松，有机质缺乏，地形复杂，支离破碎，地面坡陡，水力冲刷强度大，植被稀少，人为活动干扰严重。据全国第三次土壤侵蚀调查和黄河水利委员会黄河流域水土保持遥感普查结果可知，湟水流域水土流失面积为7 623.9 km^2，占流域总面积的47.3%，其中沟蚀面积占21%，年均新增加流失面积近50 km^2。

水土流失类型区有黄土丘陵沟壑区第四副区［高程小于3 000 m，侵蚀模数为5 000～10 000 t/(km^2·a)］、土石山区［高程大于3 900 m，侵蚀模数为100～500 t/(km^2·a)］和高地草原区［高程为3 000～3 900 m，侵蚀模数为950 t/(km^2·a)］，全流域土壤侵蚀模数平均为 603.23 t/(km^2·a)。

水土流失主要分布在浅山与脑山过渡地带和浅山地区，其中强度水土流失区分布在中低浅山区，侵蚀面积为3 112.28 km^2，占总侵蚀面积的40.83%（强侵蚀为1 597.06 km^2，占20.95%；极强侵蚀为1 470.54 km^2，占19.29%；剧烈侵蚀为44.68 km^2，占0.59%）；中度水土流失多分布在浅山中部地区（侵蚀面积为1 400.07 km^2，占18.36%）；轻度水土流失多分布在浅山向脑山过渡地带（侵蚀面积为3 111.56 km^2，占40.81%）。

土壤侵蚀类型有水力、重力、风力、冻融、人为侵蚀，以水力和重力侵蚀为主，主要分布在湟水中下游黄土丘陵区，多发生在降雨集中的时段内。水力侵蚀主要发生在坡面上，侵蚀面积为7 431.93 km^2，占水土流失面积的97.48%；重力侵蚀主要发生在沟道内，阳坡凸坡侵蚀严重，阴坡凹坡侵蚀相对较轻；风力侵蚀主要分布在上游附近，一年四季均有发生，以春季为甚，风蚀面积为106.08 km^2，占水土流失面积的1.39%；冻融侵蚀主要分布在上游和其他高海拔地带，主要发生于春夏冰雪消融期，冻融侵蚀面积为85.9 km^2，占水土流失面积的1.13%；人为侵蚀在整个流域范围内均有发生，近年来呈加剧趋势。

2.8.2 调查区土壤侵蚀现状

根据《甘肃省人民政府关于划分水土流失重点防治区的通告》中对甘肃省水土流失重点防治区的划分可知，红古区属于“重点监督区”，土壤侵蚀主要以水力侵蚀为主。按照水利部行业标准《土壤侵蚀分类分级标准》（SL 190—2008）划分，该区地处西北黄土高原区，容许土壤流失量为1 000 t/(km^2·a)。

本次利用3S技术和实地调查相结合，调查了湟水流域红古区段范围内的土壤侵蚀情况。结合坡度、地表植被、土壤类型及侵蚀模数的大小等因素，将区域分为微度侵蚀、轻度侵蚀、中度侵蚀、强烈侵蚀4个等级。

调查区土壤侵蚀强度分级见表2–14。

表2–14 调查区土壤侵蚀强度分级

侵蚀等级	面积（km^2）	比例（%）
微度侵蚀	150.80	22.68
轻度侵蚀	205.40	30.89
中度侵蚀	164.68	24.76
强烈侵蚀	144.16	21.68
合计	665.03	100.00

①微度侵蚀

区域地势平坦，植被盖度大于60%，分布于湟水沿岸平坦地带，该区域正是林地、灌丛、农作物覆盖区域。境内该类型面积为150.80 km^2，占总面积的22.68%。

②轻度侵蚀

该土壤侵蚀类型主要分布于一些植被盖度较高的地区。每年水蚀侵蚀深度在0.74～1.9 mm，侵蚀模数为1 000～2 500 t/（km^2·a），该区没有受到破坏或仅受到轻微的破坏，地貌基本完整，植被盖度较高。境内该类型面积为205.40 km^2，占总面积的30.89%。

③中度侵蚀

该土壤侵蚀类型集中分布于北部山区，植被盖度在30%左右，每年水蚀侵蚀深度在1.9～3.7 mm，侵蚀模数为2 500～5 000 t/（km^2·a）。该侵蚀类型区内地表以草本为主，地表植被稀少，地形起伏较大，发生降水后水流对地表的冲刷较为严重。境内该类型面积为164.68 km^2，占总面积的24.76%。

④强烈侵蚀

该土壤侵蚀类型零星分布在流域西部的窑街一带，该区域因采矿等人类活动，对地表扰动较大。植被盖度为10%～30%，每年水蚀侵蚀深度在3.7～5.9 mm，侵蚀模数为5 000～8 000 t/（km^2·a）。该侵蚀类型区内草地退化严重。境内该类型面积为144.16 km^2，占总面积的21.68%。

2.9 陆生植物调查分析

2.9.1 调查方法

我们在甘肃省湟水流域沿线设置了30个不同大小的样方，对陆生植物现状进行了现场调查。样方面积遵循《植物生态学野外调查方法》，根据现场实际情况，设置乔木样方面积为10×10 m^2、灌丛为5×5 m^2、草本为1×1 m^2或2×2 m^2，并在植物样方调查的同时采集了植物标本。

样方调查内容：乔木的种类、数量、树高、胸径、生活型、郁闭度，林下灌草丛种类的高度、盖度等；灌丛的种类、高度、冠幅、盖度、生物量等；草本的种类、高度、盖度、生物量等。调查内容还包括环境条件和植物群落特征，环境条件包括地理位置、地形条件、土壤条件、水文条件；物种群落特征包括种类组成和数量特征（高度、多度、盖度），并通过数量特征计算群落的地上生物量。森林的木材蓄积量，灌丛生物量可根据以前的调查数据得到的经验公式，利用植株特征如冠幅、株高、基径、总枝条数等作为变量建立的经验公式进行估算，草本生物量根据以往数据结合现场调查进行计算，并同时记录珍稀保护植物种类、数量及分布情况。

2.9.2 调查结果

调查区大部分区域为农田或居民区，其自然植被类型的面积非常少，且多为人工林或由农田弃耕地演替而来的次生植被类型。依据《中国植被》（1980）和《甘肃植被》（1997）的植被类型划分，红古区湟水流域的陆生植被类型大致分为5个植被型组、8个植被类型、13个植被亚型和17个群系。

自然植被类型组主要为阔叶林、草原、草甸、荒漠、沼泽等4个植被类型组，植被类型主要为温带阔叶林、温带草甸草原、温带荒漠草原、温带典型草原、高寒草原、盐化草甸、温带荒漠、草丛沼泽等13种植被类型。在所调查的区域内，乔木植物主要有刺槐、山杨、槐、垂柳；灌木植物主要有枸杞、红砂、珍珠猪毛菜、合头草；草本植物主要有西伯利亚滨藜、盐生草、短花针茅、赖草、芨芨草、猪毛蒿、地肤、芦苇等。

植被类型见表2-15，植物群系见表2-16。

表2-15　湟水流域植被类型

<table>
<tr><th>植被型组</th><th>植被型</th><th>植被亚型</th><th>群系</th></tr>
<tr><td rowspan="4">阔叶林</td><td rowspan="4">温带阔叶林</td><td>暖温带落叶阔叶杂木林</td><td>柳类群系</td></tr>
<tr><td>暖温带落叶阔叶林</td><td>青杨群系</td></tr>
<tr><td rowspan="2">温带山地落叶阔叶林</td><td>刺槐群系</td></tr>
<tr><td>山杨群系</td></tr>
<tr><td rowspan="4">草原</td><td rowspan="3">温带典型草原</td><td>丛生禾草典型草原</td><td>短花针茅群系</td></tr>
<tr><td rowspan="2">小半灌木禾草草原</td><td>猪毛蒿群系</td></tr>
<tr><td>华北米蒿群系</td></tr>
<tr><td>温带荒漠草原</td><td>半灌木禾草荒漠草原</td><td>荒漠锦鸡儿群系</td></tr>
</table>

续表2-15

植被型组	植被型	植被亚型	群系
	温带草甸草原	丛生禾草草甸草原	假苇拂子茅群系
	高寒草原	丛生禾草高寒草原	垂穗披碱草群系
草甸	盐化草甸	禾草盐化草甸	赖草群系
		根茎禾草盐生草甸	芨芨草群系
荒漠	温带荒漠	半灌木小半灌木荒漠	红砂群系
			珍珠猪毛菜群系
			合头草群系
沼泽	草丛沼泽	禾草沼泽	芦苇群系
		杂类草沼泽	水烛群系

表2-16　湟水流域不同群系统计表

不同群系	面积（km^2）	比例（%）
柳类群系	9.27	1.39
青杨群系	2.43	0.36
刺槐群系	11.29	1.69
山杨群系	9.88	1.48
短花针茅群系	207.13	31.31
猪毛蒿群系	5.79	0.87
华北米蒿群系	3.60	0.54
荒漠锦鸡儿群系	1.31	0.20
假苇拂子茅群系	7.41	1.11
垂穗披碱草群系	66.24	9.92
赖草群系	86.50	12.95
芨芨草群系	40.13	6.13
红砂群系	0.10	0.02

续表2-16

不同群系	面积（km^2）	比例（%）
珍珠猪毛菜群系	0.22	0.03
合头草群系	0.47	0.07
芦苇群系	0.09	0.01
水烛群系	0.16	0.02
小麦、玉米等	112.43	16.84
苹果、梨树等	7.83	1.17
无植被地段	92.76	13.89
合计	665.03	100

主要群系特征描述如下：

1. 柳类群系

柳类群系为人工群系，在河流两岸，大多分布着以柳属种类为主的河岸落叶阔叶林，其种类主要有垂柳（*Salix babylonica*）和旱柳（*Salix matsudana*）等，它们可单独成林，这些柳类起着固岸和涵养水源的作用。

2. 青杨群系

青杨群系为人工群系，分布在河边，形成一小片纯林。植被群落单一，偶尔能见到灌丛，草本植物主要为禾本科、菊科等常见杂草。小片树林起到绿化和防风的作用。

3. 刺槐群系

刺槐亦称洋槐、德国槐，原产北美，大约在1900年引入我国，于1930年前后被引种到甘肃，多被引种于海拔1 800 m以下地区。在人工栽培下也有成林，灌木层不易形成，草本层有白羊草和杂类草。

4. 山杨群系

山杨林群系是人工群系，生长在河边，亦有少量分布于半阳坡或阳坡。山杨林乔木层常以纯林出现，灌木层有枸杞和锦鸡儿等，草本层有赖草和委陵菜等杂类草。

5. 短花针茅群系

短花针茅群系在我国北方各省的干旱半干旱区广泛分布，其分布中心在我国黄土高原地区。其在兰州分布在皋兰、安宁两县（区）的全部，城关区的青白石乡，西固区的寺川、达川、新陈乡，红古区的平安、河口、红古、窑街乡及永登的秦川、西槽、树屏乡的大部分地区。短花针茅群落盖度为10%～20%，种类单纯，饱和度为10种/m^2左右。常见的亚建群种是无芒隐子草、蓍状亚菊、阿尔泰狗娃花、驴驴蒿等。其他常见伴生成分有茵陈蒿、栉叶蒿、细叶黄芪、多裂骆驼蓬等。

短花针茅草原靠近干草原区域，群落中含有少量长芒草。远离干草原区域，群落变得稀疏，种类减少，靠近温带荒漠区域，随着生境的干燥和含盐量的增加，有大量的荒漠灌木侵入。如皋兰县黑石和大横一带的丘陵坡地，地面蒸发强烈，土壤水分少，局部地段含盐量达0.5%。植物生长低矮，稀疏，丘陵北坡以短花针茅为优势种，次优势种为驴驴蒿，伴生种有尖叶盐爪爪、红砂、合头草、珍珠猪毛菜和蒙古韭等。丘陵南坡，土壤侵蚀严重，优势种短花针茅的生长低矮，稀疏，但都生长不良。

短生针茅是典型的旱生植物，也是优良的牧草，因其具有极发达的根系，故它有很强的水土保持作用。但目前过度放牧，严重影响了它的繁殖，以致许多地段只能见到被牲畜啃食的草根。有些地段荒漠灌木大量侵入，构成了荒漠灌木层片。

6.猪毛蒿群系

猪毛蒿高约60 cm，在群落中甚为显著，为甘肃省草原区常见的植物群落。它常与华北米蒿（*Artemisia giraldii*）一起混生。在黄土沟壑区，与白羊草（*Bothriochloa ischaemum*）、长芒草（*Stipa bungeana*）群落镶嵌分布，以陷塌、滑坡地最多见。

7.华北米蒿群系

华北米蒿又称为茭蒿，是一种既喜温、又喜湿的多年生草本植物。高可达60 cm，在群落中甚为显著，常与万年蓬、牡蒿一起混生。在黄土沟壑区，其与白羊草、长芒草群落镶嵌分布，海拔在1 900 m以下，南北坡部有，可在46°的陡坡形成优势。茭蒿群落中亚优势成分有白莲蒿、冷蒿（*Artemisia frigida*）、长芒草等，伴生植物有短花针茅（*Stipa breviflora*）、兴安胡枝子、早熟禾、糙叶黄芪（*Astragalus scaberrimus*）、荒漠锦鸡儿（*Caragana roborovskyi*）、火绒草、委陵菜、龙胆、远志等。

8.荒漠锦鸡儿群系

荒漠锦鸡儿灌丛常与冷蒿（*Artemisia frigida*）、短花针茅（*Stipa breviflora*）等共同组成群落。生境更加干旱时，出现沙生针茅（*Stipa caucasica* subsp. *glareosa*）、戈壁针茅（*Stipa tianschanica* var. *gobica*）等。

锦鸡儿属的小灌木，在甘肃省分布较广，种数也多，但多是其他群落的伴生种，自成群落优势种的很少。而荒漠草原中的种，从东向西呈现出逐渐替代的现象。由于该属植物的幼嫩枝叶为骆驼、羊所喜食，因此，这类灌丛化的草原，常作为放牧场。

9.假苇拂子茅群系

假苇拂子茅群落，主要分布在河漫滩、一级阶地及淡水湖周围。除建群种假苇拂子茅外，其他植物种类较少，主要有芦苇（*Phragmites australis*）、赖草（*Leymus secalinus*）、小香蒲（*Typha minima*）、水烛（*Typha angustifolia*）、早熟禾（*Poa* sp.）和几种杂类草。草层高30～110 cm，一般为40 cm，盖度为30%～60%，最高可达80%以上。假苇拂子茅花后茎秆纤维含量提高，适口性下降。在黄土高原农区的积水低洼地，有人为保护的情况下，还出现以拂子茅为主的群落，它在秋末刈割后为建房原料。

10.垂穗披碱草群系

垂穗披碱草主要分布在山地平缓阳坡、河谷草地及坡麓，多是过度放牧破坏后形成的次生群落。总盖度达60%～90%，层高为40～80 cm，植物种类丰富。本次调查发现的垂穗披碱草群系仅在小范围分布。

11.赖草群系

赖草在微盐渍化土壤上生长良好。赖草群落是干旱区盐化草甸中非常重要的植物群系。群落盖度随水分情况不同，一般为20%～30%，高的可达70%。草层高度为20 cm左右，有时也能达到50 cm。每公顷产鲜草低者为899.6～1 199.4 kg，高者为2 248.9～4 497.8 kg。伴生植物有盐地风毛菊（*Saussurea salsa*）、芦苇（*Phragmites australis*）、假苇拂子茅（*Calamagrostis pseudophragmites*）、甘草（*Glycyrrhiza uralensis*）、碱蓬（*Suaeda glauca*）等。

12.芨芨草群系

芨芨草在盐化草甸中，盖度一般为40%左右，草层高一般为50 cm上下。伴生植物随环境的改变，而出现不同的植物种类。在草甸盐土上，有尖叶盐爪爪、骆驼刺（*Alhagi sparsifolia*）、白刺等；当地下水位下降，土壤出现明显脱水时，伴生植物为多裂骆驼蓬（*Peganum multisectum*）、盐生草（*Halogeton glomeratus*）和红砂等。

13.红砂群系

红砂群落是草原化荒漠的代表类型。它分布很广泛，从甘肃中部黄土丘陵阳坡，至河西走廊的洪积、冲积滩地，以及砂砾质低丘，都能见其成片生长。植丛高一般为7～10 cm，生境条件良好的，可达30～40 cm。盖度低的为2%～5%，高的可达25%。每公顷产鲜重为149.9～224.9 kg，高可达449.8～1 049.5 kg。伴生植物，在荒漠区灌木成分多，主要有珍珠猪毛菜、合头草、短叶假木贼、泡泡刺、中亚紫菀木、刺旋花、狭叶锦鸡儿、沙蒿、灌木亚菊、蓍状亚菊、尖叶盐爪爪、驼绒藜等。向草原区，草本植物逐渐增多，有沙生针茅、戈壁针茅、石生针茅、多根葱、蒙古葱、细柄茅、三芒草、冠芒草、盐生草、草霸主、银灰旋花、骆驼蓬、篦叶蒿等。红砂可供骆驼食用，是荒漠区面积最大的牧草。

14.珍珠猪毛菜群系

珍珠猪毛菜群落是草原化荒漠的典型类型。它广泛分布于祁连山、龙首山、大黄山、大雪山北部的山前洪积扇地带。植丛高为10～20 cm；群落盖度为2%～7%，最大可达25%～35%，前者每公顷可产鲜重149.9～224.9 kg，后者每公顷可产鲜重449.8～2 098.9 kg。伴生植物，当群落盖度小时，种类就少，反之种类就多。常见的有红砂、泡泡刺、木本猪毛菜、垫状短舌菊、灌木亚菊、蓍状亚菊、短叶假木贼、紫菀木、霸王、尖叶盐爪爪、沙蒿、猫头刺、旱蒿、合头草、绵刺等。草本植物有戈壁针茅、石生针茅、沙生针茅、三芒草、篦叶蒿、多根葱、盐生草等。珍珠猪毛菜群落是河西走廊地区很重要的牧草。

15.合头草群系

合头草分布很广泛，是荒漠区主要的植物群落。在祁连山、阿尔金山、龙首山、马鬃山的山前洪积平原上，其都有大面积分布。群落盖度一般为5%～7%，最大可达25%～

30%。植丛高为18～35 cm，每公顷可产鲜重224.9～449.8 kg，最高可达749.6 kg。伴生植物有红砂、膜果麻黄、木本猪毛菜、霸王、绵刺、刺旋花、尖叶盐爪爪、珍珠猪毛菜等，草本植物有盐生草、驼蹄瓣、多根葱、冠芒草等。

16.芦苇群系

芦苇群系分布于水生、湿生和中生生境，芦苇在本群系的各样方中可形成单优植物群落，在浅水中同层常见的共优种或伴生种有小香蒲（*Typha minima*）、藨草（*Scirpus triqueter*）等物种，其中最常见的为水烛（*Typha angustifolia*）。在湿生生境中常伴生扁秆藨草（*Scirpus planiculmis*）等，在从湿生向中生过渡的生境类型中常与旋覆花（*Inula japonica*）、长芒稗（*Echinochloa caudata*）等形成共优植物群落，在轻度盐碱化的生境中可伴生水葫芦苗（*Halerpestes cymbalaria*）、西伯利亚蓼（*Polygonum sibiricum*）等。

17.水烛群系

伴生植物有芦苇（*Phragmites australis*）、灯芯草（*Juncus* sp.）等。草层高为60～100 cm，盖度为30%～60%。群落中常呈三层垂直结构。本群落从深水向浅水过渡的优势植物，在甘肃的河西走廊还出现如下的变化，混生有水麦冬（*Triglochin palustre*）、海韭菜（*Triglochin maritimum*）、灯芯草（*Juncus* sp.）、杉叶藻（*Hippuris vulgaris*）等。再向外则为草甸植被，有海乳草（*Glaux maritima*）等。

调查区域的河岸地带受人为干扰严重，形成碎片化和斑块化的生境，原生植被类型的分布区域狭窄。调查区域有很多人工种植的乔木林，形成斑块状的河岸林地，这些人工林地起到了改善区域小气候和美化环境的作用。由于人为干扰，经过自然恢复形成的植被类型是样方调查中的常见类型，枸杞、西伯利亚滨藜、盐生草、猪毛蒿、多裂骆驼蓬、地肤是这些样方中的常见物种。

调查区域的浅山地带受人为干扰较小，由于气候干旱和长期剥蚀的作用，多形成砾石倾斜地、裸岩或低山丘陵地貌。植被以旱生小半灌木为主，另外还有超旱生小半灌木和旱生草本，形成山地荒漠草地。

根据野外实地调查及相关资料整理分析来看，未发现调查区域有国家级保护植物的分布。

2.10 陆生动物调查分析

由于湟水流域地处城市群区域，再加之干旱气候条件，不能为鸟类、兽类提供良好的栖息场所和生存环境，因此，野生动物资源贫乏。据查阅历史资料统计可知，流域内野生动物有狼、狐狸、石羊、野兔、黄鼠狼、旱獭、雉鸡、山鸡、灰沙燕、雀莺、斑鸠、布谷鸟、蟾蜍、蜥蜴等多种兽类、鸟类。

总体来看，湟水流域多处于城市群区域，受人类活动影响，加之该区域植被稀少，少有野生动物栖息地，野生动物种类相对较少，生物多样性较低。甘肃省湟水流域主要动物名录见表2-17。

表2-17 湟水流域主要动物名录

序号	中文名	拉丁学名	纲	目	科	属
1	狼	*Canis lupus Linnaeus*	哺乳纲	食肉目	犬科	犬属
2	狐狸	*Vulpes*	哺乳纲	食肉目	犬科	狐属
3	石羊	*Pseudois nayaur*	哺乳纲	偶蹄目	牛科	岩羊属
4	野兔	*Lepus sinensis*	哺乳纲	兔形目	兔科	兔属
5	黄鼠狼	*Mustela sibirica*	哺乳纲	食肉目	鼬科	鼬属
6	旱獭	*Marmota*	哺乳纲	啮齿目	松鼠科	旱獭属
7	雉鸡	*Phasianus colchicus*	鸟纲	鸡形目	雉科	雉属
8	灰沙燕	*Riparia riparia*	鸟纲	雀形目	燕科	沙燕属
9	雀莺	*Leptopoecile elegans*	鸟纲	雀形目	鹟科	雀莺属
10	斑鸠	*Streptopelia*	鸟纲	鸽形目	鸠鸽科	斑鸠属
11	布谷鸟	*Cuculus canorus Linnaeus*	鸟纲	鹃形目	杜鹃科	杜鹃属
12	蟾蜍	*toad*	两栖纲	无尾目	蟾蜍科	
13	蜥蜴	*Lizard*	爬行纲	蜥蜴目	蜥蜴科	蜥蜴属

3 生态环境现状评价

3.1 生态环境状况评价工作流程

图3-1为生态环境状况评价工作流程图。

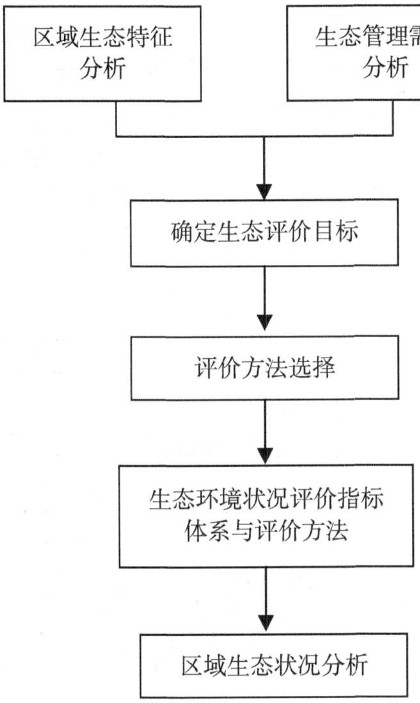

图3-1 生态环境状况评价工作流程图

3.2 指标体系及权重

生态环境状况评价利用一个综合指数，即生态环境状况指数来反映区域生态环境的整体状态。湟水流域的生态环境状况评价指标及方法依据《生态环境状况评价技术规范》的规定确定。根据该规定，并结合湟水流域生态环境的具体情况，本研究将指标评价体系分为三级。在三级指标评价体系中，各指标权重、分权重由该规范统一给出。指标体系及权重见表3-1。

表3-1　生态环境状况评价指标体系及其权重

一级		二级		三级	
指标	权重	指标	权重	结构类型	权重
生物丰度	0.35	林地	0.35	有林地	0.6
				灌木林地	0.25
				稀疏林地和其他林地	0.15
		草地	0.21	高覆盖度草地（天然牧草地）	0.6
				中覆盖度草地（人工牧草地）	0.3
				低覆盖度草地（其他草地）	0.1
		水域湿地	0.28	河流（沟渠）	0.1
				坑塘水库	0.3
				滩涂湿地（沼泽）	0.5
		耕地	0.11	旱地	0.4
				水浇地	0.6
		建设用地	0.04	城镇建设用地	0.3
				村庄	0.4
				其他建设用地（水工建筑用地、采矿用地、交通用地）	0.3
		未利用地	0.01	裸土	0.6
				盐碱地	0.3
				其他未利用地（设施农用地）	0.1
植被覆盖	0.25	NDVI	/	/	/
水网密度	0.15	河流长度	/	/	/
		湖库面积	/	/	/
		水资源量	/	/	/
土地胁迫	0.15	其他土地胁迫	0.2	/	/
		建设用地	0.2	/	/

续表3-1

一级		二级		三级	
指标	权重	指标	权重	结构类型	权重
		中度侵蚀	0.2	/	/
		重度侵蚀	0.4	/	/
污染负荷	0.10	二氧化硫	0.2	/	/
		化学需氧量	0.2	/	/
		氨氮	0.2	/	/
		固体废物	0.1	/	/
		氮氧化物	0.2		

3.3　生态环境状况评价方法

运用生态综合指数法，以三级评价指标作为基础数据，通过计算求得二级评价指数，再由二级评价指数加权计算求生态环境综合指数（ecological index，EI）。

$$X_{EI}=0.35\times 生物丰度指数+0.25\times 植被覆盖指数+0.15\times 水网密度指数+0.15\times（100-土地胁迫指数）+0.10\times（100-污染负荷指数）+环境限制指数 \tag{3-1}$$

3.3.1　生物丰度指数计算方法

（1）计算方法

$$生物丰度指数=（X_{BI}+X_{HQ}）/2 \tag{3-2}$$

式中：X_{BI}为生物多样性指数，评价方法执行HJ 623；X_{HQ}为生境质量指数；当生物多样性指数没有动态更新数据时，生物丰度指数等于生境质量指数的变化。

（2）生境质量指数计算方法

生境质量指数中各生境类型的分权重见表3-1所示。

$$生物丰度指数=生境质量指数=X_{Abio}\times（0.35\times 林地+0.21\times 草地+0.28\times 水域湿地+0.11\times 耕地+0.04\times 建设用地+0.01\times 未利用地）/区域面积 \tag{3-3}$$

式中：X_{Abio}为生境质量指数的归一化系数。

3.3.2　植被覆盖度指数计算方法

$$植被覆盖指数=X_N=X_A\times\left(\frac{\sum_{i=1}^{n}p_i}{n}\right) \tag{3-4}$$

式中：X_N为NDVI的区域均值；

P_i为5～9月象元NDVI月最大值的均值；

n为区域象元数；

X_A为植被覆盖指数的归一化系数。

3.3.3 水网密度指数计算方法

水网密度指数=（X_v×河流长度/区域面积＋X_k×湖库（河渠）面积/区域面积＋X_s×水资源量/区域面积）/3 （3-5）

式中：X_v为河流长度的归一化系数；

X_k为水域面积的归一化系数；

X_s为水资源量的归一化系数。

$$水资源量=\begin{cases}水资源量\\水资源量年平均值\times(2.4-水资源量/水资源量年平均值)\\0\end{cases} \quad (3-6)$$

3.3.4 土地胁迫指数计算方法

土地胁迫系数=X_{aero}×（0.2×其他土地胁迫+0.2×建设用地面积+0.2×中度侵蚀面积+0.4×重度侵蚀面积）/区域面积。 （3-7）

式中：X_{aero}为土地胁迫指数的归一化指数。

3.3.5 污染负荷指数计算方法

污染负荷指数=0.20×A_{COD}×COD排放量/区域年均降雨量+0.20×A_{NH_3}×氨氮排放量/区域年均降雨量+0.20×A_{SO_2}×SO_2排放量/区域面积+0.20×A_{NOX}×氮氧化物排放量/区域面积+0.10×A_{sol}×固体废弃物排放量/区域面积。 （3-8）

式中：A_{COD}为COD的归一化系数；

A_{NH_3}为氨氮的归一化系数；

A_{SO_2}为SO_2的归一化系数；

A_{NOX}为NO_X的归一化系数；

A_{sol}为固体废弃物的归一化系数。

3.3.6 环境限制指数

环境限制指数是生态环境状况的约束指标，根据规划区内出现的影响人居生产生活安全的生态破坏和环境污染事项判断。根据调查和走访当地居民群众可知，规划区没有发生过重大环境事件和生态破坏事件，生态环境级别不降级。

以上公式中归一化系数采用中国环境监测总站取得的全国生态状况评价归一化系数，见表3-2。

表3-2 生态环境状况评价归一化系数

序号	项目		归一化系数
1	生物丰度		511.26
2	植被覆盖度		0.012
3	水网密度	水资源	86.39
		河流长度	84.37
		湖泊水库面积	591.79
4	土地胁迫		236.04
5	污染负荷	二氧化硫	0.06
		COD	4.39
		氨氮	40.18
		固体废弃物	0.07

根据各指数计算公式及表3-2中的归一化系数，计算得到各指数见表3-3。

表3-3 湟水流域生态环境状况指数

名称	指数及等级
生物丰度指数	27.44
植被覆盖指数	0.14
水网密度指数	29.31
土地胁迫指数	57.44
污染负荷指数	45.23
生态环境状况指数	20.15
等级	较差

3.4 生态环境状况分级

根据生态环境状况指数，将生态环境质量分为五级，即优、良、一般、较差和差。分级状况见表3-4。

表3-4 生态环境状况分级

级别	优	良	一般	较差	差
指数	$X_{EI}\geq 75$	$55\leq X_{EI}<75$	$35\leq X_{EI}<55$	$20\leq X_{EI}<35$	$X_{EI}<20$
描述	植被覆盖度高，生物多样性丰富，生态系统稳定，最适合人类生存。	植被覆盖度较高，生物多样性较丰富，基本适合人类生存。	植被覆盖度中等，生物多样性一般水平，较适合人类生存，但有不适合人类生存的制约性因子出现。	植被覆盖度较差，严重干旱少雨，物种较少，存在明显限制人类生存的因素。	条件较恶劣，人类生活受到限制。

3.5 生态环境状况分析

各分指标计算表明：①生物丰度指数和植被覆盖指数均较低，其中植被覆盖指数所得评分最低，为0.14，表明本区植被覆盖度偏少。②水网密度指数和污染负荷指数分别为29.31和45.23，这与流域近些年来水资源量减少、水污染排放增加、水环境质量变差的结果相一致。水网密度指数较低、污染负荷指数较高的主要原因是流域城市化建设、水利工程建设等人类活动影响较为严重，因此，水资源综合利用和污染治理是流域生态环境改善的重要措施之一。③流域生态环境状况指数为20.15，生态环境状况为“较差”。生态环境状况指数较低主要是由流域水资源短缺、污染排放较重、水土流失较多导致的。

3.6 存在的主要生态问题

3.6.1 水环境质量不高

湟水作为黄河的重要的一级支流，流经青海省进入兰州市，据监测可知，湟水汇入甘肃境内水质一直为V类、劣V类，上游来水水质差，对兰州市水源地安全构成威胁；部分河洪道两侧存在垃圾随意倾倒和居民污水通过排洪沟直排入黄河的现象，对黄河兰州段水环境质量造成污染；城市部分污水未通过管道截流，而只是在河洪道内进行截流收集，导致部分接纳洪道进水的污水处理厂因进水浓度、水量波动大，运行不稳定，导致出水超标；远郊县区污水收集率偏低，污水处理能力偏弱，污水处理厂仍然存在运营不正常的现象。

3.6.2 森林资源数量少

湟水流域森林覆盖率不足1%，森林资源整体质量不高，与可持续经营差距甚远。人工林比重大，树种配置单一。在生态需求不断增加的趋势下，林草资源的不足及质量低下，导致区域生态支撑能力比较弱。

3.6.3 人多地少的矛盾突出

土地资源配置不尽合理，在社会经济快速发展的背景下，各类用地需求日益增长，行业间、区域间和城乡间的土地利用矛盾日益突出，各行业、各部门和各乡（镇）的规划用地需求已远远超出了湟水流域土地资源的总供给能力。

湟水流域生态环境评价结果表明：湟水流域在提升生态环境质量，改善人民生活条件及建设完善的社会保障方面已经具有一定基础，但这种基础尚不稳固。主要原因是区域内气候条件较差、水土流失严重、森林资源数量少、人多地少的矛盾突出，生态系统多为自然-人工结合系统，易受人为活动的扰动而变得不稳定。需要注重改进区内生态系统组织结构，增加自然、半自然生境在区内生境类型中的比重，提升湟水流域生态环境质量，改善区内生态环境状况。

3.6.4 矿产资源开发环境问题突出

甘肃省湟水流域矿产资源开采主要分布在红古区的窑街地区。矿产资源开发带来的环境问题主要有以下5点：

①煤矿废水、废石渣、煤矸石污染水环境；

②采场、固体废物破坏耕地、林地、草地等土地资源；

③煤矿开采造成地下水均衡破坏；

④部分较大规模矿山水土流失严重；

⑤地下采矿、采岩引发地面塌陷、滑坡及崩塌。

长期开采造成矿区内的地表塌陷区面积逐渐扩大，破坏了植被的立地条件与生长环境，塌陷范围内耕地荒芜，自然植被破坏严重、山体裸露，水土流失加重，农业植被更是受到一定程度的破坏。同时，其也破坏了矿区内村民生产生活环境及农业基础设施，塌陷区内土地亟须整治。

4 评估模型与指标体系

4.1 评估模型选择

建立能反映系统特征和要素关系的模型，通过模拟来分析现实中的系统，是人们在烦琐复杂的体系研究中摸索出的一种高效、科学、准确的研究方法。生态环境相关评估模型的选择，需要体现人与自然和谐、以人为本的理念，并准确反映人与自然生态之间的关系及相互作用。因此，首先我们要对人与自然生态之间的关系及作用机制有完整、辩证的认识。在一个流域中，人类活动产生污染物排放后进入自然，对自然造成负面影响，同时人类也在向自然进行资源索取和利用，形成一个互相影响的系统。与此同时，自然环境的自我修复过程在人类社会的发展中受到了负面压力，而人与生态关系决定了自然由纯粹自然走向人化自然，人类提升自然修复承载力，可使得有益于人类发展的某项自然能力被增强甚至专业化，进而服务于人类的可持续发展。经济与环境主体确定人与生态发展关系，让专业化的功能服务于经济与环境主体的发展，同时，主体决策制约人类活动，人类活动反馈信息给主体。如此循环，在人类社会经济发展与自然环境之间形成压力、状态、功能、风险、响应等相互关系。

针对生态安全的评估，必须立足于生态系统的完整性，即生态系统的结构、功能、过程以及物理、化学和生物等要素的完整性。同时，要充分考虑生态环境与人类活动之间的相互作用、相互影响以及潜在的生态灾害影响。目前，应用于生态安全评估的模型、算法等手段很多，常见的有PSR（压力-状态-响应）、DSR（驱动力-状态-响应）、PSFR（压力-状态-功能-风险）和DPSIR（驱动力-压力-状态-影响-响应）等，同时，随着评估理论的发展，以及新技术和新手段的持续进步，相关的评估算法、模型也越来越丰富，模型构建的指标体系也逐渐完善，包含内容更加全面和精准。

随着大数据和人工智能技术的发展，各种算法和模型在数据获取和分析方面得到了进一步的提升，可以更加准确地揭示生态环境系统的特征、规律和趋势，为环境保护与发展、环境管理提供更加科学的依据。同时，随着跨学科研究的深入，生态环境研究在手段、方法、内容上也在与其他学科进行融合，各类模型的应用方式和深度不断被拓展，生态环境科学研究也将进入更广阔的空间，产生更大的进步。接下来，本文将对当前国内外应用在生态环境科学研究领域的常见评估分析模型进行一个简单的梳理和介绍。

4.2 常用评估分析模型介绍

4.2.1 PSR评估框架模型

PSR模型即压力（Pressure）-状态（State）-响应（Response）模型，这一模型最早出现于20世纪70年代末，由加拿大统计学者David J. Rapport与Tony Friend提出，在全世界逐渐得到认可和推广，随后在经济合作与发展组织、联合国环境规划署的推动下得到不断改进和发展。多年来，PSR模型被广泛应用于环境质量评价和环境管理领域，其通过建立客观的“压力-状态-响应”逻辑链条，反映人类社会与自然生态环境之间的作用与反馈过程，通过这一逻辑，在对人与生态环境之间的关系进行判断和评估的基础上，能够揭示生态环境问题的表现、原因，进而形成针对性的解决对策，从而形成闭环，并持续推动人与生态环境的和谐，以及可持续发展。

在PSR模型框架内，3类表征指标被统一到了一起，其中“压力”用于表征人类社会的各类活动对生态环境的作用，包括资源索取、物质消费以及在这些过程中所产生的物质排放、资源损耗等给环境带来破坏、扰动甚至损害的作用；“状态”用于表征在某一特定阶段生态环境所表现的特征及变化，包括水体、空气、植物、生态系统功能、结构等状态及过程，以及与其作用的人类的健康、经济社会质量等状态；“响应”用于表征人类及社会通过一定的手段和措施来减轻、阻止、恢复以及预防由于生态环境破坏、退化而造成的负面影响，以及对已经发生的不利于人类生存和发展的生态环境变化进行补偿或补救的行为。

随着PSR模型应用的不断成熟和广泛，其在很多相关领域也受到了越来越多的关注。如在资源发展领域，PSR模型被应用于评估各类资源的压力、状态以及人类对这些资源变化的响应，研究人员可以利用PSR模型分析诸如水资源过度开发、土地退化等问题的原因和后果，并提出相应的管理对策；在农业领域，有研究应用PSR模型对农业区土地利用强度进行诊断、对环境与健康影响因素进行识别研究，通过对农业生产的“压力”（如化肥、农药的使用量）、“状态”（如土壤质量、农作物产量）和“响应”（如农业技术推广、生态农业实践）进行评估，可以了解农业生产的可持续性水平；在经济社会发展领域，有学者通过PSR模型构建土地利用系统健康性评价体系，来衡量人口增长、社会经济发展等与土地利用、可持续发展等之间的关系；在自然生态保护方面，也有研究应用PSR模型对国家公园综合灾害风险开展评估研究，同时有研究应用PSR模型分析环境保护投资的效果，通过评估投资对环境压力的缓解、环境状态的改善以及社会响应的增强程度，来评估环境保护投资的效益。这些越来越广泛的应用，在不断拓展PSR模型理论深度与广度的同时，进一步优化了该评估模型的灵活性和实用性。随着发展和完善，目前，PSR模型已经成为环境质量评价学科中生态系统健康评价子学科常用的一种评价模型，成为一种有效的环境评价工具。然而，PSR模型也具有一定的局限性，如对于影响因素较少的某一领域，其具有较好的效果，而对于影响因素较多的场景，其效果并不理想。同时，其包含的响应指标在选择上通常以主观经验为主，相对于量化确定指标的过程，在对复杂场景内评估时或许不够精准、完整。此外，尽管PSR模型在环境评价领域具有广泛的应用前景，但在实际应用中也面临着一些挑战。例如，如何准确量化“压力”“状态”和“响应”指标，以及如何确保评价结果的客观性和准确性等依然没有统一的标准及规范，需要更多的研究来充实拓展，对该种模型进行更加有效的优化和完善。

4.2.2 DSR框架模型

DSR框架模型即驱动力（Drive force）-状态（State）-响应（Response）模型。DSR是在PSR的基础上发展而来的，20世纪90年代，在联合国统计局、联合国开发计划署、联合国环境规划署、联合国儿童基金会和亚太经社理事会等机构的共同推动下，PSR模型进一步被扩展为DSR模型，构建了涵盖134项指标，涉及公平、健康、教育、住房、安全、人口等6类社会问题的可持续发展评估指标体系。DSR模型承袭了PSR模型简明全面的优点，同时在一定程度上弥补了PSR模型对驱动因子界定模糊的不足。该模型的三类要素中，“状态”“响应”与PSR模型框架基本保持了一致，而“驱动力”代替了PSR模型中的“压力”，表征人类行为、过程和生活方式对生态环境及可持续发展产生的直接驱动因素。这样做的结果是使得模型对影响因素与评估目标之间的响应关系表征得更加直接和准确，可以更精确地识别出导致生态环境状况变化的因素。同时，DSR模型继承了PSR较强的逻辑关系特点，能够综合考量自然、生态、资源、社会、政治、制度、经济、社会等多领域要素并细分构建相互之间的响应关系，因而更有优势。

基于上述的优势，当前DSR模型被广泛应用于经济社会发展安全、资源及能源安全、生态环境安全等多个领域的评估分析中，特别是在经济社会领域及低碳发展方面，可以充分揭示与经济发展有关的各要素间的关系。如有学者立足海洋战略资源的开发、利用、收益安全的视角，运用DSR模型框架构建了海洋战略资源安全指数的指标测度体系，对海洋石油安全水平及动态发展开展分析评估；还有学者尝试基于DSR模型，从低碳驱动力、低碳状态和低碳响应三个维度入手开展低碳审计评价指标体系构建研究；也有学者将不同模型进行关联和耦合，构建更加复杂的评估分析体系，如建立DSR-AHP模型，对电力行业碳排放评估开展评估分析。DSR的不足在于其分析过程依然带有一定的主观性，受人们的认识、经验及偏好影响，从而使得其评价过程带有一定片面性。

4.2.3 PFSR框架模型

PFSR框架模型即压力（Pressure）-功能（Function）-状态（State）-响应（Response）模型。该模型框架同样是基于PSR模型框架的进一步改进和细化。随着相关研究的增多和需求的不断深入，经典的PSR模型框架无法进一步有效细分生态环境与人类活动的关系，有学者开始尝试将生态环境所承担的生态环境、经济社会等各类功能细分出来，从而衍生出一种改进的评估模型框架。在PFSR模型框架内，新增的“功能”分类是为了表征某一特定区域、流域所发挥的各类生态功能，包括生态系统的服务功能，如资源供给、生活服务、水质净化等功能。增加这一分类，能够更加直观地体现生态环境对于人类而言所具有的意义和价值，并且能够更加准确地对应各类生态功能与人类经济社会之间的相互关系，从而更加准确地反映生态环境状态的好坏及变化对人类社会的影响，以及应采取的相应对策。因此，PFSR模型更适合于对区域或流域生态环境问题及风险的分析评估。近年来，国内外出现了很多应用PFSR模型开展生态环境影响和风险分析评估的研究。PFSR模型框架的优势就是在PSR模型的基础上增加了对生态环境功能的进一步划分，将这一部分指标单独分离出来，在评估分析过程中能实现更明显的目标导向。

4.2.4 DPSIR框架模型

该模型全称为“驱动力-压力-状态-影响-响应”（Driving forces-Pressure-State-Impact-Response）模型，是一个用于分析和评估环境问题的系统性框架，相较PSR模型框架，其5个核心要素之间的逻辑关系更加清晰，为环境问题的分析和评估提供了更加科学精准的框架。它最早由经济合作与发展组织（Organization for Economic Co-operation and Development，OECD）于20世纪90年代提出，随后由欧洲环境署（European Environment Agency，EEA）进一步推广和应用。该模型包括了驱动力、压力、状态、影响、响应5个表征类别构成，其中，“驱动力”表征是推动系统压力增加或减少的根本原因，通常包括社会经济或社会文化因子，如人口增长、经济发展、技术进步等因素；“压力”表征了人类活动对环境产生的直接或间接影响，如工业排放、土地利用变化、资源过度开发等；“状态”表征环境的当前状况，包括自然资源的数量和质量、生态系统的健康状况、环境质量等因素；“影响”表征人类活动对环境造成的影响，包括生态系统退化、物种灭绝、人类健康受损等因素；“响应”则表征了针对环境问题采取的各种应对措施，包括政策制定、法规实施、技术创新、公众参与等因素。

随着研究与应用实践的不断深化，DPSIR模型的应用范围不断被拓展，从最初的流域生态安全评价扩展到气候变化、城市水资源管理、生物多样性保护等多个领域，同时，在DPSIR模型的应用过程中，研究者们不断探索和创造新的方法和技术，如结合地理信息系统进行空间分析、利用熵权法进行权重计算等，提高了模型的应用效果和准确性。此外，随着环境问题的全球化和国际化趋势日益明显，DPSIR模型在国际合作中得到了广泛应用。各国政府和国际组织通过共享数据和经验、开展联合研究等方式，共同推动DPSIR模型在全球环境治理中发挥更大的作用。该模型的优点是能够将经济与环境各类关联要素相结合进行分析，更全面地揭示系统中各要素之间的因果关系，从而使得问题分析与对策制定更加完整全面。缺点是该模型框架目前较多的应用是在生态安全评价方面，而对社会经济发展方面的评价及研究还不足。

4.2.5 灰色关联模型

灰色关联模型是一种基于灰色系统理论的分析方法。通过对系统内各指标间的关联程度进行计算分析，实现各项指标对生态环境影响规律和趋势的评估。该方法于20世纪80年代由我国科学家陈进才提出，随着应用和研究的不断增加，该理论模型得到了进一步发展和不断优化，并出现了多级灰色关联模型，应用也越来越广泛。该模型的特点是一种多因素统计分析方法，可以实现对生态环境产生影响的各项指标贡献程度的量化判断，从而为决策提供参考。同时，该模型可以充分考虑各因素之间的不确定性和动态性，使得其应用场景较为丰富。

灰色关联法在多个领域得到了推广应用，在经济管理领域，有研究将该模型用于评估企业成效、判断和预测市场发展趋势、研究和分析产业发展等工作；在工程领域，很多研究及实践将其用于分析工艺参数对产品质量的影响，以及评估设备的可靠性等；在环境科学领域，该模型更多地被应用于评估生态环境质量和环境影响，以及分析污染物传输和扩散程度等；此外，在投资决策上，该模型多被应用于分析和预测投资市场，辅助投资者进行投资决策。该模型的优势是适用于数据不完备或信息不确定条件下对系统因素之间的关系进行定量分析评估，对样本量的多少及典型分布规律没有过高的要求，计算量比较小；其缺点是缺乏理论基础和科学性证明，凭借规律及经验确定，在应用时需要使用者具有本领域的相关经验，需要充分考虑相关因素，从而避免误导和目标偏离，影响最终的决策。

4.2.6 层次分析模型

层次分析模型（analytic hierarchy process，AHP）是目前应用非常广泛和成熟的系统分析方式。该模型由美国匹兹堡大学运筹学家萨第于20世纪70年代提出，首次被应用于美国国防部的“应急计划”研究，随后AHP在决策、判断、评估等许多领域得到了广泛应用，并且其理论也得到了不断深入和发展。AHP在20世纪80年代传入我国，并在我国得到了迅速发展。目前，AHP在理论和应用方面都得到了不断的完善，特别是在环境科学领域，其得到了进一步的优化和发展。此外，为了克服AHP模型在具体决策问题过程中的不确定性，许多研究对AHP模型进行了优化，在其中增加了模糊数，从而进一步考虑到定性和定量因素，使决策结果更符合实际，即FAHP框架模型，利用模糊数建立目标矩阵并进行比较，进而开展评估或排序，进行最佳方案的选择。

AHP模型通过构建反映各要素之间关系的层次结构，将一项要素复杂的问题结构化，从而综合反映各种指标的重要性和相互关系。其特点和优势很多，首先是综合性，即可以将多个因素纳入考虑，从多个角度分析问题，从而找到最优解决方案，对于那些需要考虑多个因素且这些因素之间存在相互影响和约束的决策问题，构建AHP可以获得逻辑明确、层次清晰的判断和分析体系；其次是其具有灵活性，允许使用者根据实际情况灵活调整层次结构和评价指标，以适应不同的研究问题，这种灵活性使得其能够应用到各种复杂的自然和社会科学领域中；再次是其具有可视化的特点，即通过构建层次结构图和判断矩阵，能够直观地呈现各要素之间的关系，更易于理解和沟通，有助于使用者更清晰直观地理解系统的结构和关系；从次是其具有量化特点，通过对因素的定量化描述和计算，使用数学方法对各因素进行比较、排序，将主观因素的影响减小到最小，从而提高分析的客观性，更好地辅助决策；最后是实现定性与定量相结合，该方法在多指标的复杂系统分析时，具有兼顾主观与客观因素的优越性，因为很多待分析的问题是人工主导的，势必带有主观的目标和需求，而AHP模型允许人们凭借认识、经验、目的对人工湿地的功能及重要性作出主观上的判断，并用数量形式表达出来，因而具备全面、准确、开放、引领的优势，使得决策更加科学、准确。其缺点同样来自它的半定量特点，受到专家经验水平、倾向以及专家人数规模大小的影响，在应用中其主观性不能被忽视。

当前AHP模型在很多领域已得到了应用与拓展，如在企业管理、市场营销、投资决策等方面，AHP被用于评估不同方案的优劣以辅助决策；在生态环境保护与研究等方面，AHP可以帮助决策者识别关键因素、明确影响范围与程度，并制订相应的策略；在教育、医疗、文化等领域，AHP也被用于评估不同政策或项目的效果，为政策制定及优化改进提供科学依据。

4.2.7 综合指数模型

综合指数模型是评估复杂体系整体变动情况常用的一类模型。其特点体现在：一是能够综合反映多种不同现象或因素的平均变动程度，为使用者提供一个全面的视角来观察和分析问题；二是通过两个总量指标对比形成的动态相对数，反映不同时期或不同条件下的变化情况，实现动态表征；三是通过固定一个或一个以上因素，来反映另一个因素的变动情况，实现固定因素分析，有助于分析各种因素对总体变动的影响；四是在构建模型过程中需要对指标进行因素同度量处理，以消除不同因素之间度量单位不一致的问题，使得不同因素可以进行直接的比较和计算。

综合指数模型的应用场景广泛，包括地区、城市、企业等综合发展水平评估，项目可行性和效果评估，也被广泛应用于环境影响及风险评估、生态环境建设成效评估等方面。随着统计学和计量经济学的发展，该模型方法经历了从简单到复杂、从单一到多元的发展过程，模型的构建方法和应用领域也得到了不断地拓展和完善，并进一步得到细化，包括加权综合指数模型、熵权法模型、TOPSIS模型等。以下对综合指数模型的几种改进模型进行简要介绍。

4.2.7.1 加权综合指数模型

加权综合指数模型是通过对各项指标进行综合加权，从而区分不同指标在体系中的作用及贡献。因此，加权综合指数模型考虑到了不同指标对整体指数影响程度的不同，通过设定不同的权重，来体现各指标在综合评价中的重要性。同时，赋权可以根据实际需要和目的进行调整，使得指数的编制具有较大的灵活性，最终通过综合多个指标，加权综合指数模型能够提供一个全面、综合的评价结果，避免了单一指标评价的片面性。加权综合指数模型的应用十分广泛，包括企业绩效评价、城市发展评价、产品质量评估、环境影响评价、生态功能评价等。加权综合指数模型的缺点，一是权重确定偏主观，权重的确定通常依赖于专家的经验和判断，具有较强的主观性，可能导致评价结果的不稳定；二是当指标数量较多或权重设置较为复杂时，加权综合指数模型的计算可能变得较为复杂；三是由于加权综合指数模型依赖于具体的数据，因此，数据的准确性和完整性对评价结果具有重要影响，如果数据存在偏差或缺失，可能会导致评价结果的不准确。

4.2.7.2 熵权法模型

熵权法模型同样为一种多属性决策方法。其基于信息熵原理，确定指标权重，从而用于综合评价。该模型的理论基础来自熵这一物理概念，这是一个用于描述能量散失程度，即系统混乱程度的参数，最早由德国物理学家克劳修斯于19世纪60年代提出。进入20世纪，有学者将熵的概念应用到了通信中，从而开创了“信息论”这一学科。此时，“熵”又被称为“香农熵”或“信息熵”，为熵权法的提出奠定了理论基础。其特点包括：一是具有客观性，基于信息熵的概念能够客观地衡量各指标在决策中的重要性，避免主观因素的影响；二是具有适应性，适用于具有不确定性和不完备信息的情景，能够较好地适应评价对象的特点和不同需求，提高评价结果的总体客观性和可信度，如当指标之间的权重无法确定或者不存在确定的数据时，熵权法能够根据指标数据的离散程度进行权重分配和综合评价；三是具有综合性，能够考虑各指标之间的相互关系，并综合考虑多个指标的作用，从而提供更全面的评价，且当进行多个目标决策时，可以使用熵权法将目标转化为指标，从而进行权重计算和综合优化。除此以外，熵权法还具有算法简单、逻辑清晰等优点，且已有很多针对该方法的应用软件被开发出来，更加方便了人们的应用。熵权法可以被应用于各种多属性决策问题中，如环境状况评价、生态功能评价以及经济管理中的企业综合评价、质量控制等领域。随着概念的不断成熟，熵权法的应用方式也越来越多样，也出现了不少研究将其与多种方法相结合进行综合评价，如与AHP、因子分析、TOPSIS法等联用。熵权法的缺点在于，其无法考虑到指标与指标之间的横向影响；对样本依赖性大，随建模样本变化，权重也会发生变化，可能导致权重失真，最终结果无效。

4.2.7.3 TOPSIS模型

TOPSIS模型即逼近理想解排序法，通过计算评价对象与理想化目标的接近程度进行排序，从而实现判断和决策。TOPSIS于20世纪80年代首次由C.L.Hwang和K.Yoon提出，TOPSIS根据有限个评价对象与理想化目标的接近程度进行排序，在现有对象中进行相对优劣的评价。这种方法依据的概念原理是，认为各种待选方案与理想解具有最短距离，而与负理想解距离最远，从而根据逼近程度确定最优结果。TOPSIS同样考虑到了定性和定量双重因素。目前，国内外已出现很多将TOPSIS与AHP模型相结合的研究，通过AHP和TOPSIS与直觉模糊集和间接直觉模糊集联合用于多属性决策分析，使用AHP模型确定分析评估框架，并确定各要素权重，同时应用TOPSIS来获得最终分析结果如排名、评分、最优方案等。

4.2.8 主成分分析模型

主成分分析（principal component analysis，PCA）又称主分量分析，是一种使用最广泛的数据降维算法，即通过正交变换将一组可能存在相关性的变量转换为一组线性不相关的变量，这些转换后的变量被称为主成分。人们通过主成分分析法可以建立一套针对复杂系统的统计学模型，可以在保留原数据主要特征的同时，将多指标转化为少数几个综合指标，体现原来资料中的大部分变异，从而实现对复杂系统的分析、评估、决策等目的。利用主成分分析法构建的模型对于复杂系统具有很大的优势，一是能够将多个数据指标转换为少数几个主成分，这些主成分是原始变量的线性组合，并且彼此之间互不相关，通过舍弃一部分主成分，只取前几个方差较大的主成分来表示原始数据，可以有效地减少计算量，从而实现复杂系统及参数的降维与简化；二是通过确定新的综合指标，可以消除系统内原有表征指标之间的相关性，保证主成分之间互不相关，从而消除了原始数据之间的相关性影响，使得在选取评价指标时更加容易，并且当原始数据之间的相关性越高时，主成分分析的效果通常越好；三是权重确定更加客观，即主成分的权数是根据各个主成分的贡献率来确定的，这反映了该主成分包含原始数据的信息量占全部信息量的比重。这种权数的确定方式更加客观和合理，避免了人为确定权数的主观影响。利用主成分分析法构建模型开展分析在很多领域得到了广泛应用，如金融领域，投资者在投资组合管理、风险评估和信用评分等过程中应用主成分分析法帮助识别关键因素，构建有效的投资策略；生物科学领域，研究人员在基因表达数据分析、蛋白质组学等过程中应用主成分分析法对数据进行降维和特征提取，从而方便揭示生物数据的内在结构和规律；文艺创作中应用主成分分析法可以对图像进行压缩、去噪和特征提取，提高图像处理的效率和准确性；制造行业利用主成分分析法可以识别影响产品质量的关键因素，从而指导生产过程的优化和改进；在生态环境科学领域，越来越多的研究者应用主成分分析法构建水、大气、土壤、生态环境要素的分析模型，对生态环境的质量、主要影响因素及风险等进行评估和判断。

4.2.9 BP神经网络模型

BP神经网络模型是一种多层的模拟神经网络的分析框架，通过确定网络层数、各层神经元个数、激励函数等完成模型框架构建，利用非线性算法，能够进行复杂的非线性问题处理，从而实现复杂问题的分析、判断以及评估。其概念起源可以追溯到20世纪40年代，伴随着对神经网络研究的不断深入，逐渐衍生出针对复杂问题学习分析决策的模型算法，最终目标是使全局逼近一种很强容错性和泛化能力的算法。BP神经网络模型通常由输入层、隐含层和输出层组成，层与层之间能够建立全连接，同时同层内的神经元之间没有连接，信息在神经系统内反复进行正向传递和逆向传递而使系统不断迭代修正。模型具体的构建和运行机制是，在运算平台下，样本信息从输入层输入，经由隐含层神经元进行传递、处理，随后传向输出层，并采用最小均方差形式对输出层与输出层之间的误差值同期望值进行比较，若结果超出了允许误差范围，则将误差反向传递回隐含层内的各个神经元，进行神经元的权重系数修改，使得误差趋向最小。通过不断重复上述的信息正向和误差反向传递，神经元的权值将得到持续调整，直到期望值与实际输出值的误差达到允许值，则学习处理过程结束，由此形成一个可以反映特定事务或过程的模型框架。可以看出，BP神经网络模型具有良好的函数逼近和容错能力，通过对训练样本的学习，能够很好地反映目标函数与输出函数之间复杂的非线性关系。

BP神经网络模型在许多领域得到了广泛应用，如对电力运行负荷、血红蛋白浓度、房价、股市、水资源需求、风速、地质灾害等进行预测，对城市安全、教学质量、网络安全等进行评价，对图像降噪、图像分类、图像复原、图像压缩、图像校正、图像分割、图像加密处理，实现机器人避障、物流交通、无人机姿态自适应、工业控制等仿真模拟等。在生态环境科学中，很多研究应用BP神经网络模型开展环境质量、资源安全、生态风险、环境损害等方面的模拟、分析、预测及评估。

4.2.10 模糊评价模型

模糊评价模型是一种基于模糊数学理论建立的评价模型，可用于对受到多个因素影响的事物或系统进行综合评价。其最早于20世纪60年代被提出，用于表达事物的不确定性，近年来，随着大数据技术的发展和应用，模糊评价法也在与大数据相结合，通过对大量的数据进行分析和挖掘，可以更加准确地了解用户的需求和评价倾向，从而在模糊评价中提供更加有针对性和个性化的评价结果。模糊评价的特点：一是对确定性问题的处理效果好，它允许在评价过程中考虑多种因素和指标，并给出一种更加全面和灵活的评价结果，能够有效处理现实世界中的不确定性和模糊性，使得评价模型更贴近实际情况；二是在建模时较为灵活，能够容纳各种类型的信息，包括定性和定量数据，允许专家知识的融入，通过模糊规则的定义，反映领域内专家的经验水平；三是能够综合考虑多个因素，对于需要综合多方面信息做出决策的问题具有优势，可以根据不同因素的重要程度，对它们进行加权处理，从而得出更加客观和准确的评价结果；四是给出的评价结果更具有开放性和不确定性，即评价结果以一个模糊集合来表示，不是绝对地肯定或否定，而是给出事物获得某个评语的可能性，这在一些有特定要求的评价分析中能够有助于更全面地反映评价对象的实际情况。模糊评价法也存在一些缺点，如计算较复杂、存在一定主观性、数据获取有难度等，在规模较大或者规则较为复杂的情况下，计算负担可能较大，同时模糊集合和规则的定义可能受到主观因素的影响，对于一些需要准确数据的问题，可能需要大量的专家知识。模糊评价法的应用十分广泛，包括决策支持、方案和产品评价等，通过对不同方案的模糊评价以确定最佳方案，辅助决策。在环境科学领域，模糊评价法也常被用于生态环境质量评价、环境影响分析、环境保护管理决策等工作中。

4.2.11 市场价值模型

随着市场的不断发展和完善，越来越多的研究开始从经济的角度，来衡量和评估某一问题和事物，从而实现相应的决策、判断、分析和评估活动。价值，就是一种能够反映事务作用和重要性的指标。在环境科学分析研究中，越来越多的研究运用价值的概念，构建价值模型，通过对环境的状况、质量和环境所提供的服务的经济价值进行货币化转换，从而定量分析生态环境的状态、作用以及对人类社会的影响。此外，还有一种应用市场价值法的分析方式，是对一个区域因生态环境要素影响而引起的产值或利润的变化来定量化反映环境特征及变化，这种方法把环境看成是生产要素，环境质量的变化导致生产率和生产成本的变化，用产品的市场价格来计量由此引起的产值和利润的变化，估算环境变化所带来的经济损失或经济效益，进而反映生态环境的重要性。市场价值法充分考虑了生态环境的经济效益，同时将环境成本与经济收益相结合，因此适合人们从经济社会发展的角度去认识、分析和评价生态环境状态及其影响。目前，市场价值法在环境科学研究中的应用已十分广泛。首先，其被广泛应用于评估环境污染破坏带来的经济损失，通过利用环境质量变化引起的产出水平和利润等的变动，来计算环境污染带来的经济损失。这种方法将环境视为生产要素，环境质量的变化直接影响产品产量和生产成本。例如，当空气污染得到改善时，机器设备的腐蚀和破坏减弱，产品的生产成本降低，产量提高。其次，很多研究应用价值法构建评价模型，通过核算不同自然资源的价值，包括森林、水资源等，来间接反映自然生态环境、人工生态工程的功能和效益等，也可以通过观察市场变化，直接或间接地反映自然资源的价值。然而，市场价值法也有一定的局限性，一是其完全通过理论价值来反映生态环境的结构、功能、状态，这些价值量表观上是生态环境实际功能的替代值，与生态环境实际发挥的功能作用并不一定相等，更多时候是人们主观的判断，受人们的认识水平和认可度影响，因此，这些主观因素会影响价值的表达，最终影响评估结果的准确性；二是价值量化值高度依赖市场情况，如当一些环境变化对市场有显著影响时，市场价值法可能无法准确反映自然资源的真实价值，需要采用更复杂的方法、纳入更多的影响因素，如市场结构、弹性系数、供求关系以及消费者剩余等对价值量进行调节，以保障分析结果的准确。

4.2.12 提示偏好模型

提示偏好模型应用提示偏好原理来构建反映系统特征的分析框架，该方法也称为显示性偏好法，是根据个体的选择偏好、倾向建立分析、评估及决策的依据体系。提示偏好法基于经济学中的随机效用理论，利用外显的、可观察的选择行为来找出消费者的选择倾向，强调通过个体的实际选择行为来揭示其潜在偏好。该方法可以实现基于选择的分析，即通过可观察的选择行为来推断不可观察的资源配置状况，同时是以实际发生的行为为标准来进行分析判断，强调通过被调查对象的实际行为来反映事物的状态、特征。因此，提示偏好法具有较好的客观性，基于实际行为的数据，相对客观，避免了主观评价可能带来的偏见。同时，由于所观察的行为是在当前情境下发生的真实选择，因此，该方法构建的模型具有实时性，能够及时反映系统的变化。由于较好的客观性和实时性特点，当前提示偏好法在许多领域得到了应用，如开展消费行为分析，通过观察消费者的购买行为来揭示其偏好，进而进行市场细分、产品定位等策略制定；进行市场需求研究，利用市场的实际选择行为来估计投资需求，为投资规划和管理提供决策支持。在生态环境科学领域，提示偏好法常被用于分析和评估某一特定生态环境系统的功能、状态及健康水平，取得了很好的结果。同时，提示偏好法建立的分析模型也有一定的局限性，一是受数据质量的限制，其所使用的数据可能因变量值的变异程度不够，导致无法实现明显的区分而进行进一步研究；二是使用实际的数据时，解释变量间常常会有高度相关性，这可能导致建立模型困难，并影响系数估计的准确性；三是该方法建立的模型通常仅反映客观衡量的变量情况，较少涉及主观判断的解释变量，因此，不能反映人们主观上的期望、意愿和需求，这可能限制了其分析的深度和广度。

4.3 基于PSFR模型的评估框架

4.3.1 评估框架的选择

生态系统是一个多要素、多进程的复杂系统，各种要素在整个系统内相互作用和相互影响，最终达到一个平衡状态，并且持续的演化。因此，对生态系统的评估、预测是一件复杂而系统的工程，需要科学全面的评估理论、方法和手段。通过对国内外已广泛运用的评估分析模型进行全面分析梳理，目前，人们在针对生态环境评估研究中，更倾向于方法成熟、操作可行、工作量小的方法。其中，PSFR方法构建的模型在生态环境状态及安全分析上体现得更加完整、全面、客观。其具体优势如下：

可以实现综合性评估：应用PSFR构建的模型能够综合考虑生态系统的各个方面，包括压力（Pressures）、状态（States）和响应（Responses），从而全面评估生态系统的健康状况和安全隐患，同时可以实现流域、区域等更大尺度上的综合评估分析。

可以实现实际数据的驱动：应用PSFR构建的模型，基于大量的数据分析和实证研究，能够客观、准确地反映生态系统的实际状况，减少主观臆断和偏见，且可以量化评估生态系统的健康状态和功能。

可以实现动态分析和预测：应用PSFR构建的模型不仅能够评估当前生态系统的状态，还能够根据历史数据和模型预测未来的变化趋势，具有动态、实时的优势，为制定长期的环境保护策略提供科学依据。

具有良好的可操作性：应用PSFR构建的模型，其参数指标选择更加符合实际，且可获取，具有良好的可操作性和可复制性，可以在不同地区和生态系统中进行应用和推广，为生态安全评估提供统一的标准和方法。

可以聚焦关键问题：应用PSFR构建的模型，包含了反映生态系统主要功能、结构、过程特征的代表性指标，可以识别出生态系统面临的关键生态问题，以及识别出影响生态系统健康的关键因素和潜在威胁，为制定针对性的保护措施提供指导。

可以辅助管理决策：PSFR模型的结果可以为政策制定者提供决策支持，帮助他们制定更加科学、合理的环境保护政策。

2024年，我国首部适用于江河生态安全评估的技术性规范《江河生态安全评估技术指南》（GB/T 43474—2023）实施，该《指南》明确将PSFR法作为基础框架，提供了一套针对江河生态安全的评估体系，这也表明该方法是适合于我国江河生态安全评估分析的方法。在该《指南》中，江河生态安全的指标体系将江河生态环境安全表征划分为江河生态环境压力、江河生态系统健康、江河生态服务功能、江河生态风险4个专项指标，包含12个分项指标、28个评估指标。具体见表4-1所示。

表4-1 《江河生态安全评估技术指南》推荐的评估工作框架

综合指标	专项指标(一级指标)	分项指标(二级指标)	评估指标(三级指标)
江河生态安全综合指数	江河生态环境压力	人口	人口密度
		土地利用	不透水面积比
		水资源利用	水资源开发利用率
		污染排放	化学需氧量
			氨氮排放强度
			总磷排放强度
			化肥使用强度
			农药使用强度
			入河排污口污染物等级
	江河生态系统健康	水质综合状况	水质综合得分
		物理生境状况	生态流量达标率
			河流纵向连通指数
			自然岸线率
			河岸带植被覆盖率
			流量过程变异程度
		水生生物完整性状况	浮游植物完整性指数(不可涉水)
			着生藻类生物完整性指数(可涉水)
			大型底栖动物完整性指数
			鱼类完整性指数
			浮游动物完整性指数
			重点保护水生生物保有指数
	江河生态服务功能	饮用水服务功能	集中式饮用水水源地水质达标率
		水源涵养功能	水源涵养指数
		生境维持功能	珍稀物种生境代表性
		防洪功能	防洪达标率

续表4-1

综合指标	专项指标(一级指标)	分项指标(二级指标)	评估指标(三级指标)
	江河生态风险	累积风险	底泥污染指数
			有毒有害有机物风险指数
			重金属风险指数

可以看出，新发布的国家《指南》对江河生态系统健康状况的重要性更加重视，而对甘肃省湟水流域当前承担的主要水功能特征体现不明显。如甘肃省湟水流域范围内存在规模较大的冶金、采掘、建材工业企业，这些工业生产活动对流域，特别是对水生态环境安全的影响需要进一步突出，同时，甘肃省湟水流域区段位于湟水与黄河干流交汇的末段，在水功能上对于水质净化缓冲、水产品、景观游憩方面的作用或许更加重要。

据此，本研究参考国家发布的《江河生态安全评估技术指南》推荐的评估体系，同时结合甘肃省湟水流域生态环境特征及区域保护与发展需要，对评估指标进行了调整，最终构建了甘肃省湟水流域水生态环境状况与安全PSFR评估体系，以期全面科学地分析和评估甘肃省湟水流域水生态状况，识别流域生态安全隐患，研判关键问题及成因，从而为流域生态环境管理提供可靠的依据。

4.3.2 评估体系的构建

一个健康的水生态系统应在可为人类提供持续稳定的生态服务功能的前提下，能够保持其自身关键组成要素的健康。因此，在构建生态安全评估框架时，就需要全面考虑生态系统承担的功能、所处的状态、面临的各种压力以及趋势。据此，总结以往的相关研究，基于PSFR评估模型的理论，结合甘肃省湟水流域范围内生态安全的特征和保护与发展需要，本书将甘肃省湟水流域范围内生态安全涉及的要素进行梳理汇总，并划分为压力、状态、功能、风险4个方面，从而对流域生态安全进行完整系统的表征。所以，对于一个流域，其生态安全应该表现出以下的特征：

①压力方面：反映人类活动及自然过程对流域正常生态过程施加的干扰和阻碍，一个理想的流域是社会经济发展对其生态系统影响表现为无压力或者在可接受范围内。

②状态方面：反映流域生态系统所表现出的特征，一个理想的流域是流域内的生态系统能够维持正常的生态结构、功能及演化过程，以及自身抵抗压力的能力，具有可持续性。

③功能方面：反映流域生态系统所承担的主要功能，一个理想的流域是该流域水生态系统可以持续地提供良好的服务功能。

④风险方面：反映流域生态系统恶化趋势的水平，一个理想的流域是该流域水生态系统应有足够抵御退化的手段，面临较低的风险水平。

对应上述对流域生态安全的判断准则，本研究应用PSFR评估模型框架，选取能够反映生态系统压力、生态系统状态、生态系统功能和生态系统风险4个方面的评估指标，构建流域生态安全评价指标体系。

在以PSFR模型为基础的流域生态安全评价体系中，各类别所表征的意义如下：

压力（P）：是指人类活动压力，反映人类活动产生的对流域水生态的干扰，包括人口增长压力、生产部门消耗资源和污染物排放等。

状态（S）：是指流域生态状况，反映流域的水生态环境，包括水质状况，动植物、浮游生物密度及分布状况，土壤等。

功能（F）：是指流域生态功能，反映现有环境下生态系统的服务功能，包括生活服务功能、水净化功能等。

风险（R）：是指流域生态风险，反映活动主体对水生态所采取的措施，包括机构、企业等。

综合以上分析，本书按照“目标层（V）、方案层（A）、要素层（B）、指标层（C）”四级框架构建甘肃省湟水流域生态安全评估体系（见图4-1）。其中：

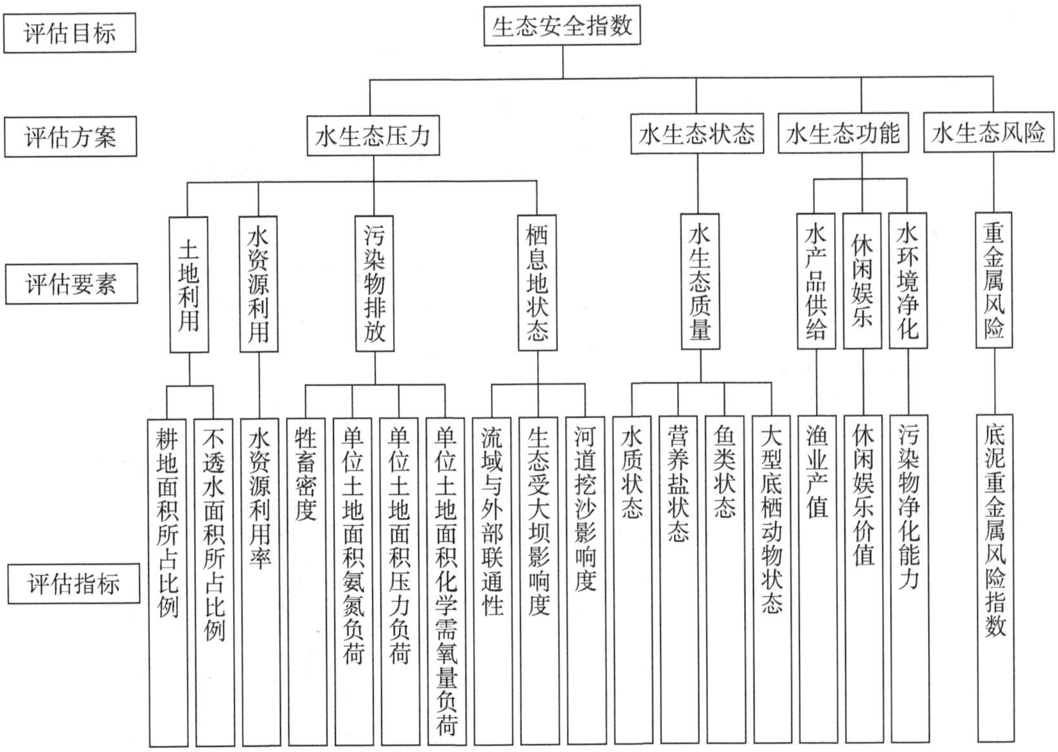

图4-1　基于PSFR模型的生态安全评估框架体系示意图

方案层（A）：包括生态压力、生态状况、生态功能和生态风险4个评估方面。

要素层（B）：主要涵盖了人口压力、土地利用、水资源利用、污染物排放、栖息地状态、水生态质量、饮用水服务、水产品供给、水源涵养、水环境净化和突发风险和累积风险等评估要素。

指标层（C）：包括了耕地面积所占比例、不透水面积所占比例、水资源利用率、人口密度、单位土地面积氨氮负荷、单位土地面积压力负荷、单位土地面积化学需氧量负荷、流域与外部联通性、生态受大坝影响度、水质状态、鱼类状态、大型底栖动物状态、渔业产值、休闲娱乐价值、污染物净化能力、重金属风险指数等评估指标。

4.4 评估路线与思路

4.4.1 评估路线

通过识别摸清流域生态安全主要问题，根据PSFR选择评估模型，进行初步分析论证，在此基础上进行指标优选，构建完备的指标体系，赋予指标权重，并用加权求和法计算各层次的值，最终得出流域整体生态安全指数，评估流域生态安全相对标准状态的偏离程度，得出综合评估结论；并对全流域生态安全进行客观、科学的分析，系统地诊断生态安全存在的问题，为流域生态环境保护提供理论依据和技术支持。

流域生态安全评估技术路线见图4-2。

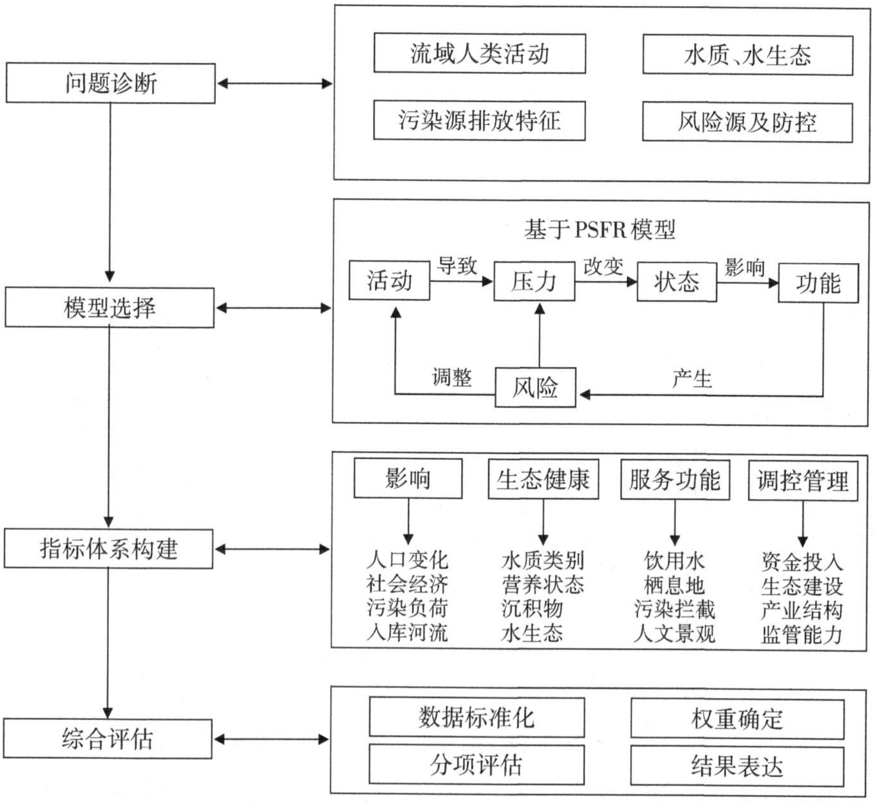

图4-2 流域生态安全评估技术路线

4.4.2 评估思路

4.4.2.1 方案层评估

方案层评估包括生态压力、生态状况、生态功能和生态风险4个方面。方案层评估采用分级评分、逐级加权的方法，包括指标层分值的计算、指标层对方案层权重的计算和方案层分值计算。

（1）指标层分值的计算

根据评估指标原始数据和相应的标准值，确定评估指标的类型，运用数据预处理公式计算得到评估指标的分值，即无量纲化值（r_{ij}）。

（2）指标层对方案层权重的计算

$$W(\mathrm{CA})_i = W_i \times W(\mathrm{BA})_i \tag{4-1}$$

式中，$W(\mathrm{CA})_i$为C层指标因子相对于方案层A的权重系数；W_i为C层第i个指标因子相对于因素层B的权重系数；$W(\mathrm{BA})_i$为因素层B相对于方案层A的权重系数；

（3）方案得分计算

各指标的无量纲化值和指标权重确定后，求得各方案层得分值：

$$A_k = \sum_{j=1}^{m} W(\mathrm{CA})_i \times r_{ij} \times 100 \tag{4-2}$$

式中，A_k为第k个方案层（生态压力、生态状况、生态功能和生态风险）得分值计算结果；r_{ij}为评估指标的无量纲化值，此处需满足$0 \leqslant r_{ij} \leqslant 1$，大于1的按1取值；$W(\mathrm{CA})_i$为C层指标因子相对于方案层A的权重系数。

4.4.2.2 目标层评估

目标层评估即生态安全综合评估，采用加权求和法计算生态安全指数，其结果为1～100的数值：

$$X_{\mathrm{ESI}} = \sum_{k=1}^{4} A_k \times W_k \tag{4-3}$$

式中，X_{ESI}为生态安全指数；A_k为第k个方案层的得分值；W_k为第k个方案层对目标层的权重系数。

4.5 评估指标确定

4.5.1 评估指标选取原则

评估指标的选择是准确反映生态系统健康状况和进行流域生态安全评估的关键。根据流域整体生态安全的评估要求，从人类活动对流域的压力、生态系统健康状况、生态服务功能、生态风险4个方面选取评估指标。评估指标选取应遵循以下原则：

①科学性原则

基于现有的科学认知，所选取的评估指标应能真实反映湟水流域水生态环境的现状特征及其发生和发展规律，指标的物理及生物意义必须明确，测算方法标准，统计方法规范。

②代表性原则

选取评估指标应能代表湟水流域生态环境本身固有的自然属性、湟水流域生态系统特征和周边社会经济状况，并能反映其生态环境的变化趋势及其对干扰和破坏的敏感性。

指标不宜相互重叠，亦不可过少过简，须具备典型性和代表性。选择的指标太多，可能会过分增加系统指标体系结构的复杂程度和评价难度，且有可能掩盖关键因素；指标过少，评价过程虽简单易行，但可能难以全面反映系统客观状况。

③系统性原则

把湟水流域生态系统看作是自然-社会-经济复合生态系统的有机组成部分，从整体上选取指标对其健康状况进行综合评估。评估指标要求能全面、系统地反映流域生态健康的各个方面，指标间应相互补充，充分体现生态环境的一体性和协调性。

④可操作性原则

选取的指标应易于收集，尽可能采用现有统计指标体系内已有的指标，如国民经济统计指标体系和环境统计指标体系；或采用合理的补充监测手段可以获取的指标；或具备可表征性和可度量性，宜以一种便于理解和应用的方式表示，可用于单元间的比较评估；选取指标时，多采用相对性指标，如强度或百分率等。评估指标可直接赋值量化，也可间接赋值量化。

4.5.2 指标体系组成

参考《江河生态安全评估技术指南》，基于PSFR模型评估框架，甘肃省湟水流域生态安全评估指标包括生态环境压力（A）、生态系统健康（B）、生态服务功能（C）和生态风险（D）共4个专项指标。每个专项指标由下一级分项指标构成，每个分项指标再由下一级评估指标构成。

整体评估指标体系共包括4个专项指标、17个分项指标、38个评估指标，每项指标赋予权重，根据权重可计算对应的上一级指标值。评估指标体系及各指标权重见表4-2。

表4-2 甘肃省湟水流域生态安全评估指标体系

专项指标	分项指标	权重	评估指标	权重
生态环境压力（A）	人口压力(A_1)	0.1	人口密度(A_{1-1})	1
	土地利用压力(A_2)	0.2	不透水面积比(A_{2-1})	0.4
			耕地面积比(A_{2-2})	0.4
			土壤侵蚀指数(A_{2-3})	0.2
	水资源利用压力(A_3)	0.2	水资源开发利用率(A_{3-1})	1

续表 4-2

专项指标	分项指标	权重	评估指标	权重
生态环境压力（A）	城镇污染排放压力（A_4）	0.2	单位土地面积 COD 排放量（A_{4-1}）	0.5
			单位土地面积氨氮排放量（A_{4-2}）	0.5
	农村面源排放压力（A_5）	0.2	单位耕地面积化肥施用量（A_{5-1}）	0.3
			单位耕地面积农药使用量（A_{5-2}）	0.3
			单位土地面积畜禽养殖量（A_{5-3}）	0.4
	流域外部压力（A_6）	0.1	引调水工程影响度（A_{6-1}）	0.5
			生态受大坝影响度（A_{6-2}）	0.5
生态系统健康（B）	水质综合状况（B_1）	0.4	水质综合得分（B_{1-1}）	1
	物理栖息地综合状况（B_2）	0.3	年生态基流满足率（B_{2-1}）	0.2
			连通性（B_{2-2}）	0.1
			自然岸线比例（B_{2-3}）	0.25
			河岸带植被覆盖度（B_{2-4}）	0.25
			湿地面积占总面积比例（B_{2-5}）	0.2
	水生生物综合状况（B_3）	0.3	藻类完整性（B_{3-1}）	0.2
			大型底栖动物完整性（B_{3-2}）	0.3
			鱼类完整性（B_{3-3}）	0.3
			水生植物完整性（B_{3-4}）	0.2
生态服务功能（C）	饮用水服务功能（C_1）	0.2	集中式饮用水源地水质达标率（C_{1-1}）	1
	水源涵养功能（C_2）	0.15	水源涵养指数（C_{2-1}）	1
	水环境净化功能（C_3）	0.15	径污比（C_{3-1}）	1
	生物多样性功能（C_4）	0.2	珍稀物种生境代表性（C_{4-1}）	0.5
			外来物种入侵（C_{4-2}）	0.5
	水产品供给功能（C_5）	0.15	单位水域面积捕捞量（C_{5-1}）	0.5

续表 4-2

专项指标	分项指标	权重	评估指标	权重
			鱼龄(C_{5-2})	0.5
	保护区功能(C_6)	0.15	自然保护区级别(C_{6-1})	1
生态风险(D)	突发风险(D_1)	0.5	化学品临界比值(D_{1-1})	0.16
			生产工艺过程(D_{1-2})	0.16
			暴露人口数量(D_{1-3})	0.16
			敏感环境目标(D_{1-4})	0.16
			安全管理与风险防范(D_{1-5})	0.16
			陆运和航运运输风险(D_{1-6})	0.2
	累积风险(D_2)	0.5	有毒有害有机物类(D_{2-1})	0.5
			重金属类(D_{2-2})	0.5

4.6 评估指标含义与获取方法

4.6.1 生态环境压力综合指标(A)

生态环境压力综合评估指标包含6个分项指标和12个评估指标。

4.6.1.1 人口压力(A_1)

人口密度(A_{1-1})

人口密度是指评估区内单位土地面积的人口数量，一般通常以每平方千米的常住人口为计算单位。该指标表示某一地区人口的密集程度，也是流域污染负荷排放的主要相关因素之一。

计算方法：

$$A_{1-1}=\frac{\text{评估区总人口}}{\text{评估区总面积}} \tag{4-4}$$

获取方法：根据红古区、永靖县和民和县的统计年鉴，统计调查区域涉及乡镇的总人口；利用统计年鉴和遥感调查相结合的方式统计评估区面积。

4.6.1.2 土地利用压力(A_2)

(1) 不透水面积比(A_{2-1})

不透水面积比是人类高强度利用土地活动对环境/气候影响的重要指标，影响城市的地表径流、水文循环、水体质量、局部气候、生物多样性等，是监测城市生态系统及环境变化的重要指标，可反映城镇化给河流生态带来的压力。

计算方法：

$$A_{2-1} = \frac{\text{评估区不透水面积}}{\text{评估区总面积}} \times 100\% \tag{4-5}$$

获取方法：根据遥感调查统计涉及乡镇的不透水面积；利用统计年鉴和遥感调查相结合的方式统计评估区面积。

（2）耕地面积比例（A_{2-2}）

耕地在地理学上是指可以用来种植农作物的土地，该指标反映了评估区内农业用地占比。

计算方法：

$$A_{2-2} = \frac{\text{评估区农业用地面积}}{\text{评估区总面积}} \times 100\% \tag{4-6}$$

获取方法：根据红古区、永靖县和民和县的统计年鉴，结合生态遥感调查与GIS分析，统计调查区域涉及乡镇的农用地面积、评估区总面积。

（3）土壤侵蚀指数（A_{2-3}）

土壤侵蚀是植被、土壤、地形、土地利用以及气候等因素共同作用的结果。土壤侵蚀导致水土流失加剧，土壤退化，农业生产受损，加剧洪涝灾害的发生，从而威胁流域的生态健康。

计算方法：

$$A_{2-3} = \frac{\text{中度及以上程度土壤侵蚀面积}}{\text{评估区土地面积}} \tag{4-7}$$

获取方法：根据红古区、永靖县和民和县的水土保持统计资料，结合生态遥感调查与GIS分析，统计调查区域涉及乡镇的土壤侵蚀面积、评估区总面积。

4.6.1.3　水资源利用压力（A_3）

水资源开发利用率（A_{3-1}）

水资源开发利用率反映人类过度用水对河流生态产生的压力，是采用用水量（工业、农业、生活、环境等）与流域多年平均水资源总量的比值。水资源总量是评估区内降水形成的地表和地下产水总量，即地表产流与降水入渗补给地下水量之和，不包括过境水量。

计算公式：

$$A_{3-1} = \frac{\text{流域用水总量}}{\text{流域多年平均水资源总量}} \times 100\% \tag{4-8}$$

获取方法：根据甘肃省水资源公报和湟水历史水文资料，统计分析用水总量和平均水资源总量。

4.6.1.4　城镇污染排放压力（A_4）

（1）单位土地面积COD排放量（A_{4-1}）

单位土地面积COD排放量反映评估区陆域工业生产和居民生活过程中排放的COD污染物对流域生态环境的压力。

计算公式：

$$A_{4-1}=\frac{\text{城镇工业COD排放量}+\text{城镇生活COD排放量}}{\text{评估区土地面积}} \tag{4-9}$$

获取方法：根据红古区、永靖县和民和县的环境统计数据，结合现场调查，统计工业COD和生活COD的排放量；采用统计年鉴、遥感调查与GIS分析相结合的方式统计评估区土地面积。

（2）单位土地面积氨氮排放量（A_{4-2}）

单位土地面积氨氮排放量反映评估区陆域工业生产和居民生活过程中排放的氨氮污染物对流域生态环境的压力。

计算公式：

$$A_{4-2}=\frac{\text{城镇工业氨氮排放量}+\text{城镇生活氨氮排放量}}{\text{评估区土地面积}} \tag{4-10}$$

获取方法：根据红古区、永靖县和民和县的环境统计数据，结合现场调查，统计工业氨氮和生活氨氮的排放量；采用统计年鉴、遥感调查与GIS分析相结合的方式统计评估区土地面积。

4.6.1.5　农村面源排放压力（A_5）

（1）单位耕地面积化肥施用量（A_{5-1}）

单位耕地面积化肥施用量指单位耕地面积上实际用于农业生产的化肥数量。农用化肥施用量是本年内实际用于农业生产的化肥数量，包括氮肥、磷肥、钾肥和复合肥。化肥施用量要求按折纯量计算。折纯量是指将氮肥、磷肥、钾肥分别按含氮、含五氧化二磷、含氧化钾的百分之百成分进行折算后的数量。复合肥按其所含主要成分折算。折纯量为实物量与某种化肥有效成分含量的百分比之积。

计算公式：

$$A_{5-1}=\frac{\text{评估区内化肥施用总量(折纯)}}{\text{评估区耕地面积}} \tag{4-11}$$

获取方法：根据红古区、永靖县和民和县的统计年鉴和农业统计数据，结合现场调查，统计化肥使用量；采用统计年鉴、遥感调查与GIS分析相结合的方式统计评估区耕地面积。

（2）单位耕地面积农药使用量（A_{5-2}）

单位耕地面积农药使用量是指单位耕地面积上实际用于农业生产的农药使用量。

计算公式：

$$A_{5-2}=\frac{\text{评估区农药使用量}}{\text{评估区耕地面积}} \tag{4-12}$$

获取方法：根据红古区、永靖县和民和县的统计年鉴和农业统计数据，结合现场调查，统计农药使用量；采用统计年鉴、遥感调查与GIS分析相结合的方式统计评估区耕地面积。

（3）单位土地面积畜禽养殖量（A_{5-3}）

单位土地面积畜禽养殖量是评估区内单位土地面积的畜禽的养殖数量。畜禽粪便是流域面源污染物的主要来源之一，在一定技术水平下，畜禽养殖污染物产生量决定于畜禽养殖规模。

计算公式：

$$A_{5-3}=\frac{\text{评估区内畜禽养殖总量}}{\text{评估区面积}} \tag{4-13}$$

式中，畜禽总量为当年的存栏数+出栏数。不同类型的畜禽根据产物量按如下系数统一折算成猪：1头牛=10头猪=25头羊=150只禽类。

获取方法：根据红古区、永靖县和民和县的统计年鉴和农业统计数据，结合现场调查，统计畜禽养殖量；采用统计年鉴、遥感调查与GIS分析相结合的方式统计评估区面积。

4.6.1.6　流域外部压力（A_6）

（1）引调水工程影响度（A_{6-1}）

该指标反映评估河段由于引水或调水工程影响河道径流量发生变化从而对水生态系统造成的干扰程度。采用径流年内分配偏差系数表示，指水利工程实施前后的月径流量与参照状况（多年平均）月径流量年内分配比例的差异程度。

计算公式：

$$A_{6-1}=\sum_{i=1}^{12}\left[\left(\frac{r_i}{\bar{r}_i}\right)_1-\left(\frac{r_i}{\bar{r}_i}\right)_2\right]^2 \tag{4-14}$$

式中，r_i为第i月径流量多年平均值；$\bar{r}_i$为多年平均月径流量；i为1月，2月，…，12月；下标1表示工程建设前，下标2表示工程建设后。

获取方法：根据红古区、永靖县和民和县的历年水文年鉴和水利普查数据获得相关数据。

（2）生态受大坝影响程度（A_{6-2}）

该指标表征评估河段水生态系统受上下游水库和大坝的影响程度，用各节点（评估区河流出、入口）与最近大坝的距离的平均值表征流域内河流生态受大坝影响的程度。河段出、入口与大坝的距离越远，水生生物的有效利用空间越大，其受大坝的影响也就越小。

计算公式：

$$A_{6-2}=\frac{1}{n}\sum_{i=1}^{n}S_i \tag{4-15}$$

式中，n为统计获取的大坝个数，S_i为节点到最近大坝的河段长度。

获取方法：根据湟水流域规划和水利普查数据，结合现场调查和遥感解译获得相关数据。

4.6.2 生态系统健康综合指标（B）

4.6.2.1 水质综合状况（B_1）

水质综合得分（B_{1-1}）

水质综合得分反映湟水流域一年内所有断面不同水质等级所占比例。涉及的主要参数包括《地表水环境质量标准》（GB 3838—2002）中规定的22项基本项目（不包括水温、pH两项）。

计算方法：

水质等级评价：利用单因子评价法，根据不同月份各个监测断面水质指标的原始数据，参考《地表水环境质量标准》（GB 3838—2002）确定水质等级。

不同水质等级数量比例（P）：依据以下计算公式确定不同水质等级数量比例。

$$P_i=\frac{N_i}{T} \tag{4-16}$$

式中，N_i为不同水质级别的断面数量，i为水质等级（i的范围为1～6，1代表Ⅰ类水质，2代表Ⅱ类水质，3代表Ⅲ类水质，4代表Ⅳ类水质，5代表Ⅴ类水质，6代表劣Ⅴ类水质），T为一年内调查的断面总数量。

不同水质等级的权重（W）：根据水质等级差异，赋予不同的权重，见表4-3。

表4-3　不同水质等级权重分配比例

项目	Ⅰ类水质	Ⅱ类水质	Ⅲ类水质	Ⅳ类水质	Ⅴ类水质	劣Ⅴ类水质
权重	1.0	0.7	0.4	0.2	0.1	0

水质综合得分：依据以下计算公式计算调查区内的水质综合得分。

$$X_{\mathrm{WS}}=\sum_{i=1}^{6}P_i\times W_i \tag{4-17}$$

式中，P_i为各个水质级别的比例，W_i为所对应水质级别的权重。

获取方法：根据红古区、永靖县和民和县的水质监测资料、环保部门统计数据、现场调查资料和公式计算。

4.6.2.2 物理栖息地综合状况（B_2）

（1）年生态基流满足率（B_{2-1}）

该指标反映了河流提供其支持功能的可达性，生态基流量是指为保证流域生态服务功能，用以维持或恢复河流生态系统基本结构与功能所需的最小流量。研究和确定生态基流量的目的在于遏止河流断流和流量减少而造成的生态环境恶化，最终实现流域生态系统的可持续发展。

计算公式：

$$B_{2-1}=\frac{\text{基准年月实际流量}}{\text{最小生态基流量}}\times 100\% \tag{4-18}$$

其中，最小生态基流流量（X_{WEb}）：

$$X_{\text{WEb}}=\text{近10年年平均流量}\times 10\% \tag{4-19}$$

式中，最小生态基流流量利用Tennant法计算，该方法属于水文学计算法的一种，以年平均流量的10%作为水生生物生长最低标准下限，年平均流量的30%作为水生生物的满意流量，即将河流多年平均流量的10%作为最小生态基流。本方法中的多年平均流量要求为近10年的水文站资料平均结果。

获取方法：根据湟水水文资料、水利公报等，结合公式计算。

（2）连通性（B_{2-2}）

连通性不仅指地理空间上的连续，更重要的是指生态系统中生物学过程及其物理环境的连续。河流连通性包括了水文-水力学过程空间连通性、营养物质流和能量流空间连通性、生物群落结构空间连通性以及信息流空间连通性等4个方面。水利工程的建设将河流拦腰斩断，改变了连续性的规律，从而破坏了流域连通性，闸坝及水电站越多，河流的纵向连通性越差。

计算公式：

$$B_{2-2}=\frac{\text{水电站闸坝个数}}{\text{河段长度(100 km)}} \tag{4-20}$$

获取方法：根据湟水水文水利资料、流域水电规划资料、现场调查和公式计算。

（3）自然岸线比例（B_{2-3}）

自然岸线比例指河流干流、支流以及次级支流自然岸线占总岸线的比例，自然岸线越多，越适合生物生长，河流生境状况越好；人工岸线越多，生物连通性越差，河流生境越差。

计算公式：

$$B_{2-3}=\frac{\text{自然岸线长度}}{\text{河流总长度}\times 2}\times 100\% \tag{4-21}$$

数据来源：根据湟水水文水利资料，以及近2年的卫片或者航片解译河流干流、支流两侧自然河岸线长度、河流总长度计算。

（4）河岸带植被覆盖度（B_{2-4}）

河岸带植被覆盖度指河流干流、支流以及次级支流河岸带植被面积占总河岸带面积的比例，植被覆盖度越高，河岸越不易受到侵蚀，河流完整性越好。

计算公式：

$$B_{2-4}=\frac{\text{河岸带植被面积}}{\text{河岸带总面积}}\times 100\% \tag{4-22}$$

数据来源：影片解译，利用近2年的卫片或航片解译结果获取河流干流、支流以及次级支流河岸带面积及其植被覆盖面积。

（5）湿地面积占总面积比例（B_{2-5}）

湿地指天然或人工形成的沼泽地等带有静止或流动水体的成片浅水区，还包括在低潮时水深不超过6 m的水域。该指标反映了生态系统自身净化能力的高低。

计算公式：

$$B_{2-5}=\frac{\text{评估区内湿地面积}}{\text{评估区总面积}}\times 100\% \tag{4-23}$$

数据来源：采用统计年鉴和遥感影像解译相结合的方式获取。

4.6.2.3 水生生物综合状况（B_3）

（1）藻类完整性（B_{3-1}）

藻类完整性综合反映一个地区藻类群落的物种组成、多样性和功能等的稳定能力，由固着藻类密度、总分类单元数以及Berger–Parker指数（BP指数）计算而来。固着藻类担负着物质循环和能量流动的重要任务，其密度和水体污染之间存在较大的相关性联系。总分类单元数即每个监测样点所鉴定出来的全部物种数，能反映群落中的丰度程度。BP指数即优势度指数，反映了各物种种群数量的变化情况，生态优势度指数越大，说明群落内物种数量分布越不均匀，优势种的地位越突出。

计算公式：

$$B_{3-1}=\frac{\text{固着藻类密度BI值}+\text{总分类单元数BI值}+\text{BP指数BI值}}{3} \tag{4-24}$$

式中，固着藻类密度和总分类单元数属于随干扰增强而下降的指标，BP指数属于随干扰增强而上升的指标。对于下降类型指标计算公式如下：

$$\text{下降类型指标BI值}=\frac{\text{样点观测值}-\text{样点观测值的5\%分位数}}{\text{样点观测值的95\%分位数}-\text{样点观测值的5\%分位数}}\times 100 \tag{4-25}$$

式中，下降类型指标BI值在0～100范围之间，>100时下降类型指标BI值视为100处理，<0时下降类型指标BI值视为0处理。对于上升类型指标计算公式如下：

$$\text{上升类型指标BI值}=\frac{\text{样点观测值的95\%分位数}-\text{样点观测值}}{\text{样点观测值的95\%分位数}-\text{样点观测值的5\%分位数}}\times 100 \tag{4-26}$$

式中，上升类型指标BI值在0～100范围之间，>100时上升类型指标BI值视为100处理，<0时上升类型指标BI值视为0处理。

数据来源：根据现场调查监测数据计算。

（2）大型底栖动物完整性（B_{3-2}）

大型底栖动物完整性综合反映一个地区大型底栖生物群落的物种组成、多样性和功能等的稳定能力，由总分类单元数、Biological Monitoring Working Party（BMWP）指数以及BP指数计算而来。总分类单元数即每个监测样点所鉴定出来的全部物种数，能反映群落中的丰度程度。BMWP指数是基于科级分类单元上各物种出现与否，考虑出现物种的敏感值，以所有出现物种敏感值之和代表环境的情况。BP指数同固着藻类部分。

计算公式：

$$B_{3-2}=\frac{\text{总分类单元数BI值}+\text{BMWP指数BI值}+\text{BP指数BI值}}{3} \tag{4-27}$$

式中，总分类单元数和BMWP指数属于随干扰增强而下降的指标，BP指数属于随干扰增强而上升的指标。

数据来源：根据现场藻类监测数据计算。

（3）鱼类完整性（B_{3-3}）

鱼类完整性综合反映一个地区鱼类群落的物种组成、多样性和功能等的稳定能力，由物种数、耐污类群相对丰度以及BP指数计算而来。物种数即每个监测样点所鉴定出来的全部物种数，能反映群落中的丰度程度。耐污类群相对丰度即群落中耐污能力（专家经验判断）较高的分类单元个体数占总个体数的比例，能反映群落中的受干扰程度，数值越大表明水质受到污染越严重。BP指数同固着藻类部分。

计算公式：

$$B_{3-3}=\frac{\text{物种数BI值}+\text{耐污类群相对丰度BI值}+\text{BP指数BI值}}{3} \tag{4-28}$$

式中，物种数属于随干扰增强而下降的指标，耐污类群相对丰度和BP指数属于随干扰增强而上升的指标。

数据来源：根据现场调查监测数据计算。

（4）水生植物完整性（B_{3-4}）

水生植物完整性综合反映一个地区水生植物群落的物种组成、多样性和功能等的稳定能力，由本地物种分类单元百分比、外来入侵种入侵指数计算而来。本地物种是某一地区内原有的，而不是从其他地区迁移或引入的物种。可为该地区的固有种（指发源于某一地区或某一水域内的种或亚种），也可以是该地区的特有种或孑遗种。外来入侵种是指由于其引入已经或拟将使经济或环境受到损害，或危及人类健康的外来物种。人们特别关注的是那些对生态系统的结构、功能及人类经济活动造成严重影响的外来物种。本地物种分类单元百分比和外来入侵种入侵指数均为定量化评价入侵物种对生态系统影响的指标。

计算公式：

$$B_{3-4} = \frac{\text{本地物种分类单元数百分比BI值} + \text{外来入侵物种入侵指数BI值}}{2} \quad (4\text{-}29)$$

式中，本地物种分类单元百分比属于随干扰增强而下降的指标，外来入侵物种入侵指数属于随干扰增强而上升的指标。

其中，入侵物种入侵指数值（X_{EI}）的计算方法为：

$$X_{EI} = \sum_{i=1}^{S} I_i \quad (4\text{-}30)$$

式中，S为入侵物种总数，I_i为入侵物种i的重要值，计算方法：

$$I_i = \frac{X_{RCO} + X_{RFE} + X_{RDE}}{3} \times 100\% \quad (4\text{-}31)$$

式中，X_{RCO}为相对盖度（%），X_{RFE}为相对频度（%），X_{RDE}为相对密度（%）。

数据来源：根据现场调查监测、资料查阅和数据计算。

4.6.3 生态服务功能综合指标（C）

4.6.3.1 饮用水服务功能（C_1）

集中式饮用水源地水质达标率（C_{1-1}）

集中式饮用水源地水质达标率指流域内所有集中式饮用水源地的水质监测中，达到或优于《地表水环境质量标准》（GB 3838—2002）的Ⅱ类水质标准的监测频次占全年监测总频次的比例。

计算公式：

$$C_{1-1} = \frac{\text{所有断面达标频次之和}}{\text{全年所有断面监测总频次}} \times 100\% \quad (4\text{-}32)$$

数据来源：根据现场调查监测、环保统计数据计算。

4.6.3.2 水源涵养功能（C_2）

水源涵养指数（C_{2-1}）

水源涵养是指养护水资源的举措。一般可以通过恢复植被、建设水源涵养区达到控制土壤沙化、降低水土流失的目的。

计算方法：

$$C_{2-1} = \text{滩涂湿地和沼泽覆盖率} \times 0.5 + \text{林地覆盖率} \times 0.35 + \text{草地覆盖率} \times 0.15 \quad (4\text{-}33)$$

式中，滩涂湿地和沼泽地覆盖率是指滩涂湿地和沼泽地面积之和占评估区陆域总面积的百分数。林地覆盖率是指林地面积之和占评估区陆域总面积的百分数。草地覆盖率是指草地（高覆盖度草地、中覆盖度草地和低覆盖度草地）面积之和占评估区陆域总面积的百分数。

数据来源：根据生态遥感与GIS分析、现场调查获得。

4.6.3.3 水环境净化功能（C_3）

（1）径污比（C_{3-1}）

水环境净化能力是河流为水生生物提供良好生境质量的基本功能，可以用径污比来表示。径污比即河流径流量与排入河流的污水量之比。径污比越高，反映水体的自净能力越强。

计算方法：

$$C_{3-1}=\frac{Q_{径}}{Q_{入}} \tag{4-34}$$

式中，$Q_{径}$为河道设计流量，根据10年中最枯月径流量确定，$Q_{入}$为污水入河量。

数据来源：根据环保统计数据、水文年鉴数据、水利普查数据，结合现场调查获得。

4.6.3.4 生物多样性功能（C_4）

（1）珍稀物种生境代表性（C_{4-1}）

珍稀物种生境代表性主要指该生境是否反映包括区域范围内的珍稀鱼类和重要文化景观的特征，是否包含自然生态系统的关键物种、珍稀濒危物种和重点保护物种的关键性生境，以及对其依赖的程度如何。

计算方法：专家打分。

数据来源：统计数据、实地调查和专家评估。

（2）外来物种入侵（C_{4-2}）

外来物种入侵是据相关标准和规定，定性判断评估区的外来物种入侵的威胁程度情况。

计算方法：专家打分。

数据来源：统计数据、实地调查和专家评估。

4.6.3.5 水产品供给功能（C_5）

（1）单位水域面积捕捞量（C_{5-1}）

单位水域面积捕捞量表示该水域中鱼类的丰富程度和密度。

计算方法：

$$C_{5-1}=\frac{捕捞量}{水域面积} \tag{4-35}$$

数据来源：现场调查，结合历史调查资料获得。

（2）鱼龄（C_{5-2}）

鱼龄反映天然捕捞鱼类尺寸大小的变化程度。

计算方法：对所有调查鱼类个体数鱼龄由大到小排列，以50%个体鱼类最大年龄的平均值表示。

数据来源：对水产品经营市场进行走访调查，结合历史调查资料获得。

4.6.3.6　保护区功能（C_6）

自然保护区级别（C6-1）

依据国标，判断流域所属区域包含的保护区类别，表明自然保护区的重要性。

计算方法：专家打分。

数据来源：实地调查，并结合《自然保护区类型与级别划分原则》（GB/T 14529—93）获得。

4.6.4　生态风险综合指标（*D*）

4.6.4.1　突发风险（D_1）

（1）化学品临界比值（D_{1-1}）

化学品临界比值指化学物质数量与临界量的比值。参考《危险化学品重大危险源辨识》和《企业突发环境事件风险评估指南》中的方法，用危险物质的储量与临界量之比来表征危险物质带来的危害程度。

计算公式：

$$D_{1-1} = \frac{q_1}{Q_1} + \frac{q_2}{Q_2} + \dots + \frac{q_n}{Q_n} \tag{4-36}$$

式中，q_1，q_2，…，q_n为每种化学物质的最大存在总量（单位：t），Q_1，Q_2，…，Q_n为每种化学物质的临界量（单位：t）。

数据来源：实地调查、环保部门统计数据。

（2）生产工艺过程（D_{1-2}）

生产工艺过程是从原料到制成成品各项工序安排的过程。

计算方法：采用评分法对企业生产工艺过程进行评估，根据企业风险单元调查表，参照《企业突发环境事件风险评估指南》的方法，对生产工艺评价分别赋值计分，相加确定单元危险度。按分值分为5个级别：0～5、5～10、10～20、20～30、30～40分。

数据来源：实地调查、环保部门调查资料。

（3）暴露人口数量（D_{1-3}）

暴露人口数量反映区域内受影响的人口数量，数量越大说明风险越大。

计算方法：暴露人口数量的分级标准参考《企业突发环境事件风险评估指南》及相应研究论文的规定。参照敏感环境保护目标调查表对企业周边5 km的居住区、医疗卫生、文化教育、科研、行政办公等机构人口总数进行调查。分为五个级别：0～0.1、0.1～1、1～5、5～10、>10万人。

数据来源：实地调查、环保部门调查资料。

（4）敏感环境目标（D_{1-4}）

敏感环境目标指企业下游10 km范围内的敏感环境保护区。保护区类别和内容见表4-4。

计算方法：对不同环境敏感区进行赋值，然后叠加作为该指标分值。按分值分为5个级别：0～5、5～10、10～15、15～20、>20分。

数据来源：实地调查、环保部门和农牧部门调查资料。

表4-4 敏感保护区分类与赋值

保护区类别	评估依据	分值(分)
一级保护区	涉及源头水、国家级自然保护区；24 h内污染物跨国界区域	10/每项
二级保护区	涉及饮用水水源(地表水或地下水)一级和二级保护区、准保护区；自来水厂取水口；水源涵养区；珍稀、濒危野生动植物天然集中分布区；鱼虾类产卵场、仔稚幼鱼的索饵场；鱼虾类越冬场、洄游通道；水产养殖区；重要湿地等特殊生态系统；风景名胜区、世界文化和自然遗产地、重要的浴场等。	5/每项
其他保护区	涉及耕地、基本农田保护区；富营养化水域；基本草原；一般森林公园、地质公园、天然林；一般风景游览区	1/每项
不涉及以上敏感区		0

（5）安全管理与风险防范（$D_{1\text{-}5}$）

有效的安全管理制度与风险防范措施是突发型水污染事故环境风险源安全的重要保障。风险源安全管理制度与风险防范措施越完善，能够直接降低风险源的风险水平。

计算方法：按照企业安全管理与风险防范调查表进行评估，每“是”一项得1分，“否”得0分，满分为80分。分为5个等级：75～80、70～75、65～70、60～65和55～60分。

数据来源：实地调查、环保部门调查资料。

（6）陆运和航运运输风险（$D_{1\text{-}6}$）

陆运和航运运输是指运输危险化学品、危险废物及其他影响河流生态安全的车辆、船舶等交通工具。

计算方法：参考《集中式饮用水水源环境保护指南》对流动风险源进行评价（表4-5）。总分值R作为最终指标分类依据。$R=f_1+f_2+f_3$，R分为5级：0～3、3～7、7～9、9～15和>15分。

数据来源：实地调查。

表4-5 流动风险源评价指标及评分值

风险源	一级保护区		二级保护区		其他保护区	
	指标	评分值(f_1)	指标	评分值(f_2)	指标	评分值(f_3)
陆运	无	0	无	0	无	0
	$L<2$	9	有路可行走	1	$L<2r$	1

续表4-5

风险源	一级保护区		二级保护区		其他保护区	
	指标	评分值(f_1)	指标	评分值(f_2)	指标	评分值(f_3)
陆运	有危险品运输或L > 2r	10	有路，但不通行机动车	2	有危险品运输，且$r<L<2r$	2
	–	–	有机动车通行	3	有危险品运输，且$L>2r$	3
	–	–	有运输路线，且长度较短	4	–	–
	–	–	$L<r$	5	–	–
	–	–	$r<L<2r$，或有小型桥梁	6	–	–
	–	–	$L>2r$	7	–	–
	–	–	有危险品运输，或单车道跨线桥	8	–	–
	–	–	有危险品运输，且$r<L<2r$	9	–	–
	–	–	有危险品运输，且$L>2r$	10	–	–
船舶	无	0	无	0	无	0
	存在	10	航线$L<r$	6	航线$L<r$	1
	–	–	航线$r<L<2r$	8	航线$r<L<2r$	2
	–	–	航线$L>2r$	10	航线$L>2r$	3

注：对于陆运，L为保护区内公路或铁路的路线长度之和；对于船舶，L为保护区内及保护区上游的航线长度之和；r为保护区的当量半径，根据保护区的面积做等效圆换算（单位：km）。

4.6.4.2　累积风险分指标（D_2）

（1）有毒有害有机物类（D_{2-1}）

有毒有害有机物指在其生产、使用或处置的任何阶段都具有对人、其他生物或环境带来潜在危害特性的物质。根据本地区地表水水质特点对有毒有害污染物进行筛选测定。

计算公式：

$$Q_0=\frac{C_{01}}{S_{01}}+\frac{C_{02}}{S_{02}}+\ldots+\frac{C_{0n}}{S_{0n}} \tag{4-37}$$

式中，C_{01}，C_{02}，…，C_{0n}为有机物在水体中的浓度；S_{01}，S_{02}，…，S_{0n}为有机物在水体

中的最大允许浓度；Q_0为有机物的综合风险指数。

数据来源：现场监测和实地调查。

（2）重金属类（$D_{2\text{-}2}$）

重金属类该类污染指由重金属或其化合物造成的环境污染。主要由采矿、废气排放、污水灌溉和使用重金属制品等人为因素所致。因人类活动导致环境中的重金属含量增加，超出正常范围，可导致环境质量恶化。

计算公式：

$$Q_{\mathrm{M}} = \frac{C_{\mathrm{M1}}}{S_{\mathrm{M1}}} + \frac{C_{\mathrm{M2}}}{S_{\mathrm{M2}}} + \dots + \frac{C_{\mathrm{M}n}}{S_{\mathrm{M}n}} \tag{4-38}$$

式中，C_{M1}，C_{M2}，…，$C_{\mathrm{M}n}$为重金属在水体中的浓度；S_{M1}，S_{M2}，…，$S_{\mathrm{M}n}$为重金属在水体中的最大允许浓度；Q_{M}为重金属的综合风险指数。

数据来源：现场监测和实地调查。

5 生态环境压力评估

5.1 评估方法

生态环境压力评估结合甘肃省湟水流域实际，确定了6个分项指标和12个具体评估指标。

具体评估步骤如下：

步骤一：评估指标计算

根据收集到的数据资料，利用给定的公式逐项计算评估指标值。

步骤二：评估指标赋分

根据评估指标原始数据和《江河生态安全评估技术指南》中的赋分标准（见表5-1），用下述公式计算各评估指标分值，同时邀请10位左右的专家，在相关资料收集分析研判的基础上，根据经验对每项赋分结果进行校核。赋分的计算公式如下：

（1）对于评价值是固定值的指标，赋值时直接取该级别的中值，公式为：

$$V_i = \frac{1}{2}\left(V_{il} + V_{ih}\right) \tag{5-1}$$

（2）对于越大越好型指标，赋值时考虑：

①分段指标：

$$V_i = V_{il} + \frac{V_{ih} - V_{il}}{I_{ih} - I_{il}} \times \left(I_i - I_{il}\right), I_i \in \left(I_{il}, I_{ih}\right] \tag{5-2}$$

②无上限指标：

$$V_i = 80 + \frac{I_i - I_{il}}{I_{il}} \times 10, I_i \in \left(I_{il}, +\infty\right) \tag{5-3}$$

当$V_i > 100$时，取100作为V_i值。

（3）对于越小越好型指标，赋值时考虑：

① 分段指标：

$$V_i = V_{il} + \frac{V_{ih} - V_{il}}{I_{ih} - I_{il}} \times \left(I_{ih} - I_i\right), I_i \in \left(I_{il}, I_{ih}\right] \tag{5-4}$$

②无上限指标：

$$V_i = 20 - \frac{I_i - I_{il}}{I_{il}} \times 10, I_i \in (I_{il}, +\infty) \tag{5-5}$$

当$V_i < 0$时，取0作为V_i值。

上述式中，V_i代表评估指标i的分值；V_{il}为评估指标i所在类别标准下限分值；V_{ih}为评估指标i所在类别标准上限分值；I_i为评估指标i的原始数据，I_{il}为原始数据I_i所在分级的下限；I_{ih}为原始数据I_i所在分级的上限。

步骤三：分项指标评估

根据各评估指标得分，采用加权求和法，确定各分项指标得分，并对分项指标进行分析评估。计算公式如下：

$$E_j = \sum_1^n w_{ji} \times V_{ji} \tag{5-6}$$

式中，E_j为第j个分项指标的分值；W_{ji}为第j个分项指标中第i个评估指标的权重；V_{ji}为第j个分项指标中第i个评估指标的分值；n为第j个分项指标中评估指标的个数。

步骤四：综合评估

根据各分项指标得分，采用加权求和法，确定专项指标综合状况得分，并对专项指标进行分析评估，得到综合评估结果。计算公式如下：

$$C = \sum_1^n w_j \times E_j \tag{5-7}$$

式中，C为专项指标的分值；W_j为第j个分项指标的权重；E_j为第j个分项指标的分值；n为分项指标的个数。

表5-1 流域内人类活动对生态环境压力评估指标等级与赋分标准

序号	评估指标	单位	指标等级与赋分				
			一级	二级	三级	四级	五级
			80～100	60～80	40～60	20～40	0～20
1	人口密度	人/km²	<25	25～100	100～200	200～400	>400(800)
2	不透水面积比	%	<3	3～5	5～10	10～20	>20(25)
3	耕地面积比	%	<10	10～20	20～30	30～40	>40(55)
4	土壤侵蚀指数	%	<10	10～20	20～30	30～40	>40(55)
5	水资源开发利用率	%	<20	20～35	35～45	45～60	>60(80)
6	单位土地面积化学需氧量排放量	kg/km²	<40	40～60	60～100	100～150	>150(500)

续表5-1

序号	评估指标	单位	指标等级与赋分				
			一级	二级	三级	四级	五级
			80～100	60～80	40～60	20～40	0～20
7	单位土地面积氨氮排放量	kg/km^2	<8	8～12	12～25	25～50	>50(60)
8	单位耕地面积农药使用量	kg/hm^2	<4	4～9	9～11	11～15	>15(20)
9	单位耕地面积化肥施用量	kg/hm^2	<400	400～500	500～600	600～700	>700(1 000)
10	单位土地面积畜禽养殖量	头/km^2	<200	200～250	250～300	300～350	>350(500)
11	引调水工程受影响度	-	<2.0	2.0～4.0	4.0～6.0	6.0～8.0	>8.0(10)
12	生态受大坝影响程度	km	>70	50～70	30～50	15～30	<15(5)

注：括号内数值表示当指标大于或等于括号内数值时赋分为0。

5.2 指标计算

5.2.1 人口压力分项指标（A_1）

该分项指标仅包括一项评估指标（人口密度），利用下述公式计算。

$$A_{1-1} = 评估区总人口/评估区总面积 \tag{5-8}$$

人口压力分级标准见表5-2。

表5-2　湟水流域人口密度分级及赋分标准

指标内容	分级标准及赋分				
	轻微(一级) $N≥80$	较轻(二级) $60≤N<80$	一般(三级) $40≤N<60$	较重(四级)$20≤$ $N<40$	严重(五级) $N<20$
人口密度	<25	25～100	100～200	200～400	>400(800)

根据2017年红古区统计年鉴、遥感解译数据，利用公式5-8，计算出人口密度（表5-3）。

表5-3　湟水流域人口密度

评价单元	评估区总面积(km^2)	评估区总人口(人)	人口密度(人/km^2)	评价等级
湟水	665.03	19.52万	293.52	较重，四级

5.2.2 土地利用压力分项指标（A_2）

土地利用压力分项用不透水面积比、耕地面积比、土壤侵蚀指数3个具体指标来表征。各指标计算过程如下：

5.2.2.1 不透水面积比（A_{2-1}）

①计算方法

该指标利用下式计算。

$$A_{2-1}=\frac{\text{评估区不透水面积}}{\text{评估区总面积}}\times 100\% \tag{5-9}$$

②不透水面积获取情况说明

不透水表面被定义为诸如屋顶、沥青或水泥道路以及停车场等具有不透水性的地表面。用遥感影像对流域内地物特点进行分析，按地面透水性可归纳出水体区、植被区和无植被区3种类型。前两者属透水区，后者则为不透水区。处理步骤为：根据Landsat7遥感影像，利用对水体信息敏感的2、4波段组建归一化水体指数图，将湟水水体提取出来，属透水地面。利用对植被敏感的3、4波段组建归一化植被指数图，将湟水流域植被覆盖情况分为高、中、低、无4级。植被覆盖度高的林地以及城内公园绿地和沿路绿化带等林、灌木地，覆盖度中等的为草坪及绿化密度较高的建筑区，覆盖度低的区域为只有少量树木、草坪零星分布的建筑区，大型水泥广场、停车场及建筑物密集区为无植被区。与此相对应的，将地面透水区分为高透水、中等透水、低透水以及完全不透水4类。再将水体与高、中透水性地面合并为透水地面，将低透水性和完全不透水性地面合并为不透水地面。

③不透水面积比分级标准见表5-4。

表5-4 湟水流域不透水面积比分级及赋分标准

指标内容	分级标准及赋分				
	轻微(一级) $N\geq80$	较轻(二级) $60\leq N<80$	一般(三级) $40\leq N<60$	较重(四级) $20\leq N<40$	严重(五级) $N<20$
不透水面积比	<3	3～5	5～10	10～20	>20(25)

通过遥感解译与GIS分析，利用公式5-9计算得出湟水流域不透水面积比，见表5-5。

表5-5 湟水流域不透水面积比

评价单元	评估区总面积(km^2)	不透水面积(km^2)	不透水面积比(%)	评价等级
湟水	665.03	56.237	8.46	一般,三级

由表5-5可以看出，湟水流域不透水面积比为8.46%，评价等级为三级，据此说明，

河段内城镇化给湟水流域带来了一定的环境压力。

5.2.2.2　耕地面积比（A_{2-2}）

耕地是指专门种植农作物并经常进行耕种、能够正常收获的土地。包括土地条件较好的基本农田和虽然土地条件较重但能正常收获且不破坏生态环境的可用耕地，主要包括旱地、水浇地、水田。耕地面积比分级标准见表5-6。

表5-6　湟水流域耕地面积比分级及赋分标准

指标内容	分级标准及赋分				
	轻微(一级) $N≥80$	较轻(二级) $60≤N<80$	一般 $40≤N<60$	较重(四级) $20≤N<40$	严重(五级) $N<20$
耕地面积比	<10	10～20	20～30	30～40	≥40

该指标计算公式如下：

$$A_{2-2}=评估区耕地面积/评估区总面积×100\% \tag{5-10}$$

通过遥感解译与GIS分析以及统计资料，利用公式5-10计算得出湟水流域耕地面积比，见表5-7。

表5-7　湟水流域耕地面积比

评价单元	评估区总面积(km^2)	耕地面积(km^2)	耕地面积比(%)	评价等级
湟水	665.03	112.3	16.9	较轻,二级

由表5-7可以看出，湟水流域耕地面积比为16.9%，评价等级为较轻，说明湟水流域农业种植对区域生态系统没有带来压力。

5.2.2.3　土壤侵蚀指数（A_{2-3}）

土壤侵蚀是土壤受到其生态系统内气候、植被、地形、冻融等多种自然因素而破坏、侵蚀的过程，是在多种因素作用下产生的。土壤侵蚀会破坏地表植被，使得土壤肥力和土壤的质量受到损害，影响农业生产的发展，破坏生态系统的平衡，从而降低流域生态系统的自我修复能力，分级标准见表5-8。

表5-8　湟水流域土壤侵蚀指数分级及赋分标准

指标内容	分级标准及赋分				
	轻微(一级) $N≥80$	较轻(二级) $60≤N<80$	一般(三级) $40≤N<60$	较重(四级) $20≤N<40$	严重(五级) $N<20$
土壤侵蚀指数	<10	10～20	20～30	30～40	≥40

该指标计算公式如下：

$$A_{2\text{-}3}=\text{中度及以上程度土壤侵蚀面积/评估区土地面积} \tag{5-11}$$

通过遥感解译与GIS分析以及统计资料，利用公式5-11计算得出湟水流域土壤侵蚀指数，见表5-9。

表5-9 湟水流域土壤侵蚀指数

评价单元	评估区土地面积（km^2）	中度以上程度土壤侵蚀面积（km^2）	土壤侵蚀指数	评级等级
湟水	665.03	308.96	46.5	严重，五级

由表5-9可以看出，湟水流域土壤侵蚀指数为46.5，评价等级为严重，说明湟水流域土壤侵蚀严重，对区域生态系统带来较大压力。

5.2.3 水资源利用压力分项指标（A_3）

水资源利用程度的主要指标为水资源开发利用率。通常从水资源规划利用角度来看，水资源开发利用率是指供水能力为75%时，可供水量与多年平均水资源总量的比值，是表征水资源开发利用程度的一项指标。水资源开发利用率是指流域或区域用水量占水资源可利用量的比值，体现的是水资源开发利用的程度。水资源开发利用又可分为河川径流水资源开发利用和地下水资源开发利用，一般以河流为单元只统计地表水资源开发利用，流域为单元时综合统计或分别统计，但不特别指出时也仅指地表水资源开发利用。

水资源开发利用率表征流域内人们开发利用水资源的程度，通过计算流域内工业用水量、生活用水量、农业用水量以及环境用水量与流域多年平均水资源总量的比例来评估。

水资源总量是评估区内降水形成的地表和地下产水总量，即地表产流与降水入渗补给地下水量之和，不包括过境水量。湟水流域水资源利用压力分级及赋分标准见表5-10。

表5-10 湟水流域水资源利用压力分级及赋分标准

指标内容	分级标准及赋分				
	轻微（一级）$N\geqslant 80$	较轻（二级）$60\leqslant N<80$	一般（三级）$40\leqslant N<60$	较重（四级）$20\leqslant N<40$	严重（五级）$N<20$
水资源开发利用率	<20	20～35	35～45	45～60	>60（80）

该指标计算公式如下：

$$A_{3\text{-}1}=\text{流域用水总量/流域多年平均水资源总量}\times 100\% \tag{5-12}$$

根据全国第三次水资源调查评价成果和《甘肃省兰州市红古区现代农业中长期发展规划（2016—2030年）》，结合现场调查，获得了湟水流域水资源总量、生活用水量、工业用水量、农业用水量、服务业用水量等基础数据，利用公式5-12计算得出水资源开发利用强度，见表5-11。

表5-11　湟水流域水资源开发利用情况统计表

评价单元	流域多年平均水资源总量（亿 m^3）	生活及其他用水量（亿 m^3）	工业用水量（亿 m^3）	农业用水量（亿 m^3）	水资源开发利用率（%）	评价等级
湟水	15.58	0.038 2	0.265 1	0.780 0	6.95	轻微，一级

由表5-11可以看出，湟水流域水资源开发利用率为6.95%，评价等级为一级，据此说明，水资源开发利用率较低。

5.2.4　城镇污染排放压力分项指标（A_4）

城镇污染排放压力分项指标用单位土地面积COD排放量（A_{4-1}）和单位土地面积NH_3-N排放量（A_{4-2}）来表征。

5.2.4.1　单位土地面积COD排放量

城市生活污水和工业废水中含有大量的COD，是主要的点源污染源，其分级及赋分标准见表5-12。

表5-12　湟水流域单位面积COD排放量分级及赋分标准

指标内容	分级标准及赋分				
	轻微（一级）$N \geq 80$	较轻（二级）$60 \leq N < 80$	一般（三级）$40 \leq N < 60$	较重（四级）$20 \leq N < 40$	严重（五级）$N < 20$
单位面积COD排放量	<40	40～60	60～100	100～150	>150（500）

该指标计算公式如下：

$$A_{4-1} = （城镇工业COD排放量+城镇生活COD排放量）/评估区土地面积 \quad (5-13)$$

根据第二次污染源普查数据和社会经济统计，利用公式5-13计算得到流域内单位土地面积COD排放量，见表5-13。

表5-13　湟水流域单位土地面积COD排放量

城镇工业COD排放量（kg）	城镇生活COD排放量（kg）	评估区土地面积（km^2）	单位面积COD排放量（kg/km^2）	等级
38.95×10^3	$2\ 319.31 \times 10^3$	665.03	3 546.1	严重，五级

由表5-13可以看出，湟水流域COD排放量为3 546.1 kg/km^2，评价等级为五级，据此说明，COD污染物排放对流域生态环境带来很大压力。

5.2.4.2 单位土地面积NH_3-N排放量（A_{4-2}）

城市生活污水和工业废水中含有大量的NH_3-N，是主要的点源污染源，其分级及赋分标准见表5-14。

表5-14 湟水流域单位面积NH3-N排放量分级及赋分标准

指标内容	分级标准及赋分				
	轻微(一级) $N\geq80$	较轻(二级) $60\leq N<80$	一般(三级) $40\leq N<60$	较重(四级) $20\leq N<40$	严重(五级) $N<20$
单位面积NH_3-N排放量	<8	8～12	12～25	25～50	>50(60)

该指标计算公式如下：

A_{4-2}=（城镇工业NH_3-N排放量+城镇生活NH_3-N排放量）/评估区土地面积 （5-14）

根据第二次污染源普查数据和社会经济统计，利用公式5-14计算得到流域内单位土地面积NH_3-N排放量，见表5-15。

表5-15 湟水流域单位土地面积NH_3-N排放量

评价单元	城镇工业NH_3-N排放量(kg)	城镇生活NH_3-N排放量(kg)	评估区土地面积(km^2)	单位面积NH_3-N排放量(kg/km^2)	等级
湟水	1.85×10^3	303.84×10^3	665.03	459.7	严重,五级

由表5-15可以看出，湟水流域NH_3-N排放量为459.7 kg/km^2，评价等级为五级，据此说明，NH_3-N污染物排放对流域生态环境带来了很大压力。

5.2.5 农业面源污染排放压力分项指标（A_5）

农村面源污染排放压力分项指标用单位耕地面积化肥施用量（A_{5-1}）、单位耕地面积农药使用量（A_{5-2}）和单位土地面积畜禽养殖量（A_{5-3}）3个指标来表征。

5.2.5.1 单位耕地面积化肥施用量

大量地施用化肥，会造成很多危害，如：①化肥中不含有机质、腐殖质，因此，大量使用化肥，导致土壤缺乏有机质和腐殖质，土壤团粒结构遭到破坏，造成土壤板结，农植物产量下降。②化肥利用率低，氮肥因为易挥发、流失，利用率只有30%～50%，磷肥的利用率仅10%～25%，钾的利用率也只有50%左右。③化肥大量使用使蔬菜瓜果品质大大下降。④危害人体健康。大量施用化肥，易使蔬菜中硝酸盐含量超标，而亚硝酸盐与胺类物质结合形成亚硝酸基化合物，为强致癌物质。⑤化肥的大量使用，还造成土壤的有益菌、蚯蚓的大量死亡。⑥化肥的长期低效施用，往往造成土壤中某些元素的过分积累和土壤理化性质发生变化及环境发生污染。⑦从大量使用化肥来看，越使用化肥，地力就越下降，就越依赖化肥，由此形成恶性循环。⑧过量使用化肥给农民带来严重的收入损失。⑨影响作物品质。⑩粮食和农产品安全受到威胁。因此，分析研究化肥施用量对于评估农业面源污染对湟水流域造成的影响具有重要的意义。

单位耕地面积化肥施用量为本年内实际用于农业生产的化肥数量，包括氮肥、磷肥、钾肥和复合肥，按折纯量计算。折存量为实物量与某种化肥有效成分含量的百分比之积。其分级及赋分标准见表5-16。

表5-16　湟水流域单位耕地面积化肥施用量分级及赋分标准

指标内容	分级标准及赋分				
	轻微(一级) $N \geq 80$	较轻(二级) $60 \leq N < 80$	一般(三级) $40 \leq N < 60$	较重(四级) $20 \leq N < 40$	严重(五级) $N < 20$
单位耕地面积化肥施用量	<400	400～500	500～600	600～700	>700(1 000)

该指标计算公式如下：

$$A_{5-1} = \frac{\text{评估区内化肥施用总量(折纯)}}{\text{评估区耕地面积}} \tag{5-15}$$

根据2017年红古区统计年鉴资料，利用公式5-15计算得到流域内单位耕地面积化肥施用量，见表5-17。

表5-17　湟水流域单位耕地面积化肥施用量

化肥施用总量(kg)	化肥施用折纯量(kg)	评估区耕地面积(km^2)	单位耕地面积化肥施用量(kg/hm^2)	评价等级
$7\,935 \times 10^3$	$2\,782 \times 10^3$	11 230	247.7	轻微，一级

由表5-17可以看出，湟水流域单位耕地面积化肥施用量为247.7 kg/hm^2，评价等级为一级，据此说明，化肥施用对流域生态环境没有带来压力。

5.2.5.2　单位耕地面积农药使用量

第一，大量使用农药破坏了土壤结构，造成土壤污染，不利于作物生长；第二，污染水资源；第三，使病虫产生抗药性，降低农药的效果；第四，由于农药不被降解或很难被降解，会在处于生物链比较高级的生物体内富集，由此，人类的健康受到了威胁。湟水流域农药施用量，其分级及赋分标准见表5-18。

表5-18 湟水流域单位耕地面积农药使用量分级及赋分标准

指标内容	分级标准及赋分				
	轻微(一级) $N \geq 80$	较轻(二级) $60 \leq N < 80$	一般(三级) $40 \leq N < 60$	较重(四级) $20 \leq N < 40$	严重(五级) $N < 20$
单位耕地面积农药量	<4	4～9	9～11	11～15	>15(20)

该指标计算公式如下：

$$A_{5-2} = \frac{\text{评估区农药使用量}}{\text{评估区耕地面积}} \quad (5\text{-}16)$$

根据第二次污染源普查数据和社会经济统计资料，利用公式5-16计算得到流域内单位耕地面积化肥施用量，见表5-19。

表5-19 湟水流域单位耕地面积农药使用量

评价单元	农药使用量(kg)	评估区耕地面积(hm^2)	单位耕地面积农药使用量(kg/hm^2)	评价等级
湟水	56.49×10^3	11 230	5.03	较轻，二级

由表5-19可以看出，湟水流域单位耕地面积农药使用量为5.03 kg/hm^2，评价等级为二级，据此说明，农药使用对流域生态环境造成的压力较轻。

5.2.5.3 单位土地面积畜禽养殖量

畜禽粪便是流域面源污染物的主要来源之一，在一定技术水平下，畜禽养殖污染物产生量决定于畜禽养殖规模。

其分级及赋分标准见表5-20。

表5-20 湟水流域单位土地面积畜禽养殖量分级及赋分标准

指标内容	分级标准及赋分				
	轻微(一级) $N \geq 80$	较轻(二级) $60 \leq N < 80$	一般(三级) $40 \leq N < 60$	较重(四级) $20 \leq N < 40$	严重(五级) $N < 20$
单位土地面积畜禽养殖量	<200	200～250	250～300	300～350	>350(500)

该指标计算公式如下：

$$A_{5-3} = \frac{\text{评估区内畜禽养殖总量}}{\text{评估区面积}} \quad (5\text{-}17)$$

式中，畜禽总量为当年的存栏数+出栏数。不同类型的畜禽根据产物量按如下系数统一折算成猪：1头牛=10头猪=25头羊=150只禽类。

根据2017年红古区统计年鉴资料，利用公式5-17计算得到流域内单位土地面积畜禽养殖量，见表5-21。

表5-21　湟水流域单位土地面积畜禽养殖量

牛养殖量（头）	猪养殖量（头）	羊养殖量（只）	鸡养殖量（只）	养殖总量（头）	评估区土地面积（km^2）	单位土地面积畜禽养殖量（头/km^2）	评价等级
1 543	19 772	60 384	126 000	67 755	665.03	101.9	轻微，一级

由表5-21可以看出，湟水流域单位土地面积畜禽养殖量为101.9头/km^2，评价等级为一级，据此说明，评估范围内畜禽养殖对流域生态环境造成的压力较轻微。

5.2.6　流域外部压力分项指标（A_6）

流域外部压力分项指标用引调水工程影响度（A_{6-1}）和生态受大坝影响程度（A_{6-2}）两个指标来表征。

5.2.6.1　引调水工程受影响度

该指标反映江河（段）由于引水或调水工程影响河道径流量发生变化从而对水生态系统的干扰程度。采用径流年内分配偏严重系数表示，指水利工程实施前后的月径流量与参照状况（多年平均）月径流量年内分配比例的严重差异程度。

引调水工程影响度分级及赋分标准见表5-22。

表5-22　湟水流域引调水工程影响度分级及赋分标准

指标内容	分级标准及赋分				
	轻微(一级) $N≥80$	较轻(二级) $60≤N<80$	一般(三级) $40≤N<60$	较重(四级) $20≤N<40$	严重(五级) $N<20$
引调水工程受影响度	<2.0	2.0～4.0	4.0～6.0	6.0～8.0	>8.0(10)

该指标计算公式如下：

$$A_{6-1}=\sum_{i=1}^{12}\left[\left(\frac{r_i}{\bar{r}_i}\right)_1-\left(\frac{r_i}{\bar{r}_i}\right)_2\right]^2 \tag{5-18}$$

式中，r_i为第i月径流量多年平均值；$\bar{r}_i$为多年平均月径流量；i为1月，2月，…，12月；下标1表示工程建设前，下标2表示工程建成后。

调查区内大通河、湟水自然河段上共有电站12座，其中大通河有3座，湟水有9座，河床式有4座，引流式有8座。近年来，大通河、湟水水电站建设迅速，存在生态下泄流量不能保障和随意放水排砂给下游造成影响的环境隐患。

调查区内12座电站中，在红古区申报办理手续的有6座，在青海省申报办理手续的有

3座，在临夏州申报办理手续的有2座，在永登县申报办理手续的有1座。这些电站分布密集，建设年代久远，审批部门多，资料收集协调难度大，甚至有的相关资料遗失。本次调查中，相关指标的计算采用专家打分法。查阅相关资料，如《红古区大通河湟水水电站管理探索》《甘肃省湟水湟惠水电站工程可行性研究（代初步设计）报告》）可知，湟水流域引调水工程影响了河道径流量，对水生态系统造成了一定程度的干扰，因此，引调水工程对湟水影响度为四级，平均值为7。

5.2.6.2　生态受大坝影响程度

该指标表征河段水生态系统受上下游水库、大坝的影响程度，用各节点（评估区河流出、入口）与最近大坝的距离的平均值表征流域内江河生态受大坝影响的程度。计算方法依据河段出、入口与大坝的距离越远，水生生物的有效利用空间越大，其受大坝的影响也就越小。

湟水流域生态受大坝影响程度分级及赋分标准见表5-23。

表5-23　湟水流域生态受大坝影响程度分级及赋分标准

指标内容	分级标准及赋分				
	轻微(一级) $N\geq80$	较轻(二级) $60\leq N<80$	一般(三级) $40\leq N<60$	较重(四级) $20\leq N<40$	严重(五级) $N<20$
生态受大坝影响程度	>70	50～70	30～50	15～30	<15(5)

该指标计算公式如下：

$$A_{6-2}=\frac{1}{n}\sum_{i=1}^{n}S_i \tag{5-19}$$

式中，n为统计获取的大坝个数，S_i为节点到最近大坝的河段长度。

通过遥感解译与GIS分析以及现场调查得知，评估范围内有2个支流汇入口，分别为湟水和大通河。利用公式5-19计算得到流域内生态受大坝影响的程度，见表5-24。

表5-24　湟水流域生态受大坝影响程度

湟水入口距评估范围内最近大坝的距离(m)	大通河入口距评估范围内最近大坝的距离(m)	评估范围下游边界距评估范围内最近大坝的距离(m)	生态受大坝影响程度(km)	评价等级
6 014	2 797	9 087	5.96	严重（五级）

5.3 指标评估与分析

5.3.1 人口压力评估

根据前述计算结果，确定评估范围内人口压力打分及评估结果。该分项指标仅涉及一项评估指标，即人口密度为293.52人/km^2，评价等级为五级，湟水流域人口密集，对流域生态环境造成了一定的压力，评估河段人口压力得分为30.65分。

5.3.2 土地利用压力评估

按照前述计算结果，确定评估范围内土地利用压力打分及评估结果。该分项指标包括三项评估指标：不透水面积比、耕地面积比、土壤侵蚀指数。

不透水面积比：通过遥感解译和GIS分析可知，湟水流域不透水面积比为8.46%，评价等级为三级，评估河段内城镇化给湟水流域带来了一定的环境压力。根据公式（4–5），结合专家打分校核，确定评估河段不透水面积比得分为46.16分。

耕地面积比：经分析可知，评估范围内湟水流域耕地面积比为16.9%，评价等级为二级，湟水流域农业种植对区域生态系统没有带来压力。根据公式（4–6），结合专家打分校核，确定评估河段耕地面积比得分为66.2分。

土壤侵蚀指数：经分析可知，评估范围内湟水流域土壤侵蚀指数为46.5，评价等级为五级，湟水流域土壤侵蚀严重，对区域生态系统带来较大压力。根据公式（4–7），结合专家打分校核，确定评估河段土壤侵蚀指数得分为18.38分。

根据上述赋分结果，按照公式（5–6），计算得到评估河段土地利用压力综合得分为48.62分。

5.3.3 水资源利用压力评估

按照前述计算结果，确定评估范围内水资源利用压力打分及评估结果。该分项指标仅有水资源开发利用率一项指标，经分析，评估范围内水资源开发利用率为6.95%，评价等级为一级，水资源开发利用率较低。根据公式（4–8），结合专家打分校核，确定评估河段水资源利用压力得分为93.05分。

5.3.4 城镇生活污染排放压力评估

按照前述计算结果，确定评估范围内城镇生活污染排放压力打分及评估结果。该分项指标包括两项评估指标：单位土地面积COD排放量和单位土地面积NH_3–N排放量。

单位土地面积COD排放量：经分析可知，评估范围内COD排放量为3 546.1 kg/km^2，评价等级为五级，COD污染物排放对流域生态环境带来了很大压力，评估河段单位土地面积COD排放量压力得分为0分。

单位土地面积NH_3–N排放量：经分析可知，评估范围内NH_3–N排放量为459.7 kg/km^2，评价等级为五级，据此说明，NH_3–N污染物排放对流域生态环境带来了很大压力，评估河段单位土地面积NH_3–N排放量压力得分为0分。

因此，评估范围内城镇生活污染排放压力得分为0分。

5.3.5 农业面源污染排放压力评估

按照前述计算结果，确定评估范围内农业面源污染排放压力打分及评估结果。该分项指标包括三项评估指标：单位耕地面积化肥施用量、单位耕地面积农药使用量和单位土地面积畜禽养殖量。

单位耕地面积化肥施用量：经分析可知，评估范围内单位耕地面积化肥施用量为247.7 kg/hm^2，评价等级为一级，化肥施用没有对流域生态环境造成压力。根据公式（5–4），结合专家打分校核，确定评估河段单位耕地面积化肥施用量得分为87.62分。

单位耕地面积农药使用量：经分析可知，评估范围内单位耕地面积农药使用量为5.03 kg/km^2，评价等级为二级，化肥施用没有对流域生态环境造成压力。根据公式（5–4），结合专家打分校核，确定评估河段单位耕地面积农药使用量得分为75.88分。

单位土地面积畜禽养殖量：经分析可知，评估范围内单位土地面积畜禽养殖量为101.9头/km^2，评价等级为一级，畜禽养殖没有对流域生态环境造成压力。根据公式（6–4），结合专家打分校核，确定评估河段单位土地面积畜禽养殖量得分为89.81分。

根据上述赋分结果，按照公式（5–6），计算得到评估河段农业面源污染排放压力综合得分为84.97分。

5.3.6 流域外部压力评估

按照前述计算结果，确定评估范围内流域外部压力打分及评估结果。该分项指标包括两项评估指标：引调水工程影响度、生态受大坝影响程度。

引调水工程影响度：根据专家打分法确定河段流域外部压力得分为30分。

生态受大坝影响程度：经分析可知，评估范围内生态受大坝影响程度为5.96 km，评价等级为五级，湟水流域水生态系统受到大坝外部环境压力非常大。根据公式（5–2），结合专家打分校核，确定评估河段生态受大坝影响程度得分为10.6分。

根据上述赋分结果，按照公式（5–6），计算得到评估河段流域外部压力综合得分为20.3分。

综上分析可知，人口压力得分为30.65分，土地利用压力得分为48.62分，水资源利用压力得分为93.05分，城镇污染排放压力得分为0分，农村面源排放压力得分为84.97分，流域外部压力得分为20.3分。

5.4 生态环境压力综合评估

按照《江河生态安全评估技术指南》中（表5–25）确定的权重，利用公式（5–7），对评估范围内生态环境压力各分项指标进行加权综合，即得到评估范围内生态环境压力综合得分，结果见表5–26。

表5-25　江河生态安全评估指标体系—生态环境压力

专项指标	分项指标	权重	评估指标	权重
生态环境压力（A）	人口压力（A_1）	0.1	人口密度（A_{1-1}）	1
	土地利用压力（A_2）	0.2	不透水面积比（A_{2-1}）	0.4
			耕地面积比（A_{2-2}）	0.4
			土壤侵蚀指数（A_{2-3}）	0.2
	水资源利用压力（A_3）	0.2	水资源开发利用率（A_{3-1}）	1
	城镇污染排放压力（A_4）	0.2	单位土地面积COD排放量（A_{4-1}）	0.5
			单位土地面积氨氮排放量（A_{4-2}）	0.5
	农村面源排放压力（A_5）	0.2	单位耕地面积化肥施用量（A_{5-1}）	0.3
			单位耕地面积农药使用量（A_{5-2}）	0.3
			单位土地面积畜禽养殖量（A_{5-3}）	0.4
	流域外部压力（A_6）	0.1	引调水工程影响度（A_{6-1}）	0.5
			生态受大坝影响度（A_{6-2}）	0.5

表5-26　评估区域生态环境压力专项评估结果汇总表

专项指标	编号	分项指标	分项指标权重	分项指标加权得分	专项指标加权得分
生态环境压力（A）	A_1	人口压力	0.1	30.65	50.423
	A_2	土地利用压力	0.2	48.62	
	A_3	水资源利用压力	0.2	93.05	
	A_4	城镇污染排放压力	0.2	0	
	A_5	农村面源排放压力	0.2	84.97	
	A_6	流域外部压力	0.1	20.3	

流域内人类活动对江河生态环境的压力分为五级：轻微、较轻、一般、较重和严重。表5-27为流域内人类活动对江河生态环境压力的影响等级说明。

表 5-27 流域内人类活动对江河压力影响等级说明

等级	表征状态	指标特征	分值
一级	轻微	社会经济压力很小,对江河生态环境影响轻微。	(80,100]
二级	较轻	存在一定社会经济压力,对江河生态环境影响较轻。	(60,80]
三级	一般	社会经济压力较大,对江河生态环境影响明显。	(40,60]
四级	较重	社会经济压力大,对江河生态环境影响较重。	(20,40]
五级	严重	社会经济压力很大,对江河生态环境影响严重。	[0,20]

经过对评估区域生态环境压力各评估指标进行分析、计算及汇总，确定评估范围内生态环境压力水平综合得分为50.423分。对照表5-27可知，评估区域生态环境压力综合评估等级为三级，表征状态为一般，说明评估区域的社会经济压力较大，对湟水流域生态环境影响明显。

6　生态系统健康评估

6.1　评估方法

根据《江河生态安全评估技术指南》推荐的调查评估方法，本次生态系统健康评估结合甘肃省湟水流域实际，确定了3个分项指标和10个具体评估指标，具体评估步骤同本研究第5.1节。各评估指标按照表6-1确定的评分标准赋分。

表6-1　生态系统健康评估指标等级

指标	单位	指标等级与赋分				
		一级	二级	三级	四级	五级
		80～100	60～80	40～60	20～40	0～20
水质综合得分	%	0.8～1	0.6～0.8	0.4～0.6	0.2～0.4	0～0.2
年生态基流满足率	%	100	90～100	80～90	70～80	<70
连通性	-	<0.3	0.3～0.5	0.5～0.8	0.8～1.2	>1.2
自然岸线比例	%	80～100	60～80	40～60	20～40	<20
河岸植被覆盖度	%	>80	60～80	40～60	20～40	<20
湿地面积占总面积比例	%	>98	95～98	90～95	85～90	<85
藻类完整性	-	以各生物类群完整性指标数值的95%分位数作为一级和二级间的临界值，以5%分位数作为四级和五级间的临界值；将95%分位数和5%分位数之间的范围进行三等分，以确定其他相邻级别间的临界值。				
大型底栖动物完整性	-					
鱼类完整性	-					
水生植物完整性	-					

6.2 指标计算

6.2.1 水质综合状况分项指标（B_1）

该分项指标仅包括一项评估指标，利用下述公式计算：

$$P_i = \frac{N_i}{T} \tag{6-1}$$

式中，N_i为不同水质级别的断面数量，i为水质等级（i的范围为1～6，1代表Ⅰ类水质，2代表Ⅱ类水质，3代表Ⅲ类水质，4代表Ⅳ类水质，5代表Ⅴ类水质，6代表劣Ⅴ类水质），T为一年内调查的断面总数量。

根据2018年度实测的断面数据，用公式（6-1）计算不同水质等级数量比例，经计算，甘肃省湟水流域不同水质等级数量统计见表6-2。

表6-2　甘肃省湟水流域不同水质等级数量结果汇总表

水质类别	Ⅰ	Ⅱ	Ⅲ	Ⅳ	Ⅴ	劣Ⅴ
断面数量	0	0	1	0	0	0
N_i	0	10	4	4	0	0
T	18	18	18	18	18	18
P_i	0	0.6	0.2	0.2	0	0
权重	1.0	0.7	0.4	0.2	0.1	0
X_{WS}	0.52					
数据来源	实测					

通过监测数据可知，本次评估范围内不同水功能区域的水质基本达到《地表水环境质量标准》（GB 3838—2002）中对应的指标限值。

6.2.2 物理栖息地综合状况分项指标（B_2）

该分项指标包括5项评估指标。计算过程分别如下：

6.2.2.1 年生态基流满足率（B_{2-1}）

①计算方法及公式说明

该指标利用下式计算：

$$B_{2-1} = \frac{\text{基准年月实际流量}}{\text{最小生态基流量}} \times 100\% \tag{6-2}$$

式中，最小生态基流流量利用Tennant法计算，该方法属于水文学计算法的一种，以年平均流量的10%作为水生生物生长最低标准下限，以年平均流量的30%作为水生生物的满意流量，即将江河多年平均流量的10%作为最小生态基流，该法适用于流量比较大且水文资料系列较长的江河。本方法中的多年平均流量要求为近10年的水文站资料平均结果。

计算公式为：

$$X_{WEb} = \text{近10年年平均流量} \times 10\% \tag{6-3}$$

②水文资料收集分析

A.多年平均流量确定

评估河段上游主要来水包括湟水干流和入湟支流大通河。经调查可知，评估河段范围内无可用水文站。而上游青海省境内有湟水民和水文站（末级），入湟支流大通河上有享堂水文站（末级），两处水文站均为上游最近水文站，控制着上游总流域面积约30 468 km²，即评估河段径流量是两处水文站测量的水文参数之和，本次评估利用民和+享堂水文站的资料作为评估河段水文分析计算的主要依据。

另外，由于在湟水干流民和站以下、大通河汇湟口之上的区间内还有巴州沟支流汇入，该支流与区域内其他区间支流同属黄土高原的季节性河流，产流很少，经分析可知，多年平均径流量不足湟水多年平均径流量的2%，且区间径流量占湟水年径流量的比例小，故评估河段的径流量不再考虑诸如巴州沟支流等区间产流量。

综上所述，本次评估拟引用湟水民和水文站和大通河享堂水文站水文资料。此两处水文站属黄委会水文水资源勘测局，设站用于观测水位、流量、悬移质输沙率、含沙量、水温、冰情等，自1950年开始设站观测至今，水文站控制条件较好，皆使用冻结基面高程，其流量测验用流速仪施测，大水时用浮标测流，历年各站洪峰流量测验无漏峰漏谷现象，测量成果均直接采用。

本次调查共引用2013至2019年径流系列，经统计得知，民和+享堂站多年总平均流量为130.3 m³/s，其中民和站天然情况下多年平均流量为64.4 m³/s，享堂站天然情况下多年平均流量为65.9 m³/s。

B.基准年月实际流量确定

本次评价通过分别收集民和、享堂水文站近7年水情公报数据，统计结果见表6-3。

表6-3　民和+享堂水文站最近7年水情统计数据

指标	水文站	数据（m³/s）
多年平均流量	民和	64.4
	享堂	65.9
注：以上统计数据均来自《黄河流域省界水体及重点河段水资源质量状况通报》，发布单位为黄河流域水资源保护局。		

经计算，甘肃省湟水流域年生态基流满足率结果见表6-4。

表6-4 甘肃省湟水流域年生态基流满足率结果汇总表

指标	多年平均流量(m^3/s)	基准年月实际流量(m^3/s)	最小生态流量(m^3/s)	年生态基流满足率(%)
计算值	130.3	97.8	13.03	750
数据来源	收集水文站历史水文数据，得到1980—2016年间的径流量，平均后得到	根据黄河水利委员会、黄河流域水资源保护局最新发布的2019年3月民和+享堂水文站实测流量确定	按公式(6-3)计算得到	按公式(6-2)计算得到

该指标反映了江河提供其支持功能的可达性，生态基流量是指为保证江河生态服务功能，用以维持或恢复江河生态系统基本结构与功能所需的最小流量。可以看出，本次评价河段当年实际流量明显高于最小生态基流量，表明评估河段流量可以满足河段生态流量需要。

6.2.2.2 连通性（B_{2-2}）

该指标利用下式计算：

$$B_{2-2}=\frac{\text{水电站闸坝个数}}{\text{河段长度(100 km)}} \tag{6-4}$$

经计算，甘肃省湟水流域连通性统计结果见表6-5。

表6-5 连通性结果汇总表

指标	评估河段河道长度(100 km)	闸坝数(座)	连通性
计算值	0.771 5	13	16.85
数据来源	通过卫星照片解译确定	实地调查结合卫星照片判读	通过公式(6-4)计算

水利工程的建设将江河拦腰斩断，改变了江河连续性的规律，从而破坏了江河的连通性，闸坝及水电站越多，江河纵向连通性越差。通过分析可知，评估河段的水电开发程度较高，河段沿线闸坝较多，可达13座（其中支流大通河上3座，另有一座电站闸坝为非截流式），这较明显地影响了河道上下游的连通性。

6.2.2.3 自然岸线比例（B_{2-3}）

通过卫星图片解译，在评估范围内，红古区境内直接汇入湟水的支沟主要包括：牛克沟、倒水沟、桥儿沟、三条沟、大沙沟这5条支沟，连同汇入的大通河，同时，湟水南岸的民和县在评估范围内有一主要支沟（大方台）。

该指标利用下式计算：

$$B_{2-3}=\frac{\text{自然岸线长度}}{\text{河流总长度}\times 2}\times 100\% \tag{6-5}$$

经计算，甘肃省湟水流域自然岸线比例结果见表6-6。

表6-6 评估河段岸线比例结果汇总表

计算值	干、支流(沟)河道长度(km)	干、支流(沟)人工岸线长度(km)	干、支流(沟)自然岸线长度(km)	自然岸线比例(%)
湟水干流	77.15	57.29	97.01	–
巴州沟	1.61	3.22	0	–
大通河	14.27	0.48	28.06	–
牛克沟	6.77	0.57	12.97	–
未名沟	7.23	0	14.46	–
倒水沟	34.78	0	69.56	–
桥儿沟	6.38	0	12.76	–
三条沟	15.24	0	30.48	–
大沙沟	20.08	0	40.16	–
大方台沟	6.74	0	13.48	–
小计	190.25	61.56	318.94	84
数据来源	–	通过卫星照片解译确定	通过卫星照片解译确定	按公式(6-5)计算得到

注:(1)干、支流(沟)岸线总长度=河道长度*2;
(2)河道长度仅表示评估范围内长度;
(3)另有较大支沟,隆治沟位于湟水南岸民和县境内,不在本次评估范围内。

自然岸线越多，越适合生物生长，江河生境状况越好；人工岸线越多，生物连通性越差，江河生境越差。通过分析可以看出，评估范围内支沟较多，但人工岸线长度较短，主要集中在水工设施及城镇建成区沿线，经计算，评估范围内自然岸线长度比例约占84%，表明沿线开发扰动相对较少，较适合河岸周边生物生长。

6.2.2.4 *河岸带植被覆盖度*（B_{2-4}）

该指标利用下式计算：

$$B_{2-4}=\frac{\text{河岸带植被面积}}{\text{河岸带总面积}}\times 100\% \tag{6-6}$$

通常把河水–陆地交界处的两边，直至河水影响消失为止的地带称为河岸带，河岸带通常指靠近河边几十米的区域。包括可以被洪水泛滥淹没的部分和河水可以进入河岸植被冠层之下的陆地部分，一般认为河岸带的面积与河流的规模和相应区域地貌相关，河岸带植被面积占总河岸带面积的比例越高，植被覆盖度越高，河岸越不易受到侵蚀等，江河完整性越好。本次评估河段流域较小，故将评估范围内湟水干流、支流以及次级支流最高水位向陆地横向延伸20～40 m的范围作为河岸带，本次评估做概化处理，对于评估范围内无人工堤岸的河道取河岸带宽度30 m。经计算，河岸带植被覆盖度结果统计见表6-7。

表6-7　河岸带植被覆盖度结果汇总表

指标	河岸带总面积(km^2)	河岸带植被面积(km^2)	河岸带植被覆盖度(%)
计算值	11.42	9.57	83.82
数据来源	卫星遥感数据	卫星遥感数据	根据公式(6-6)计算

6.2.2.5　湿地面积占总面积比例（$B_{2\text{-}5}$）

该指标利用下式计算：

$$B_{2-5}=\frac{\text{评估区内湿地面积}}{\text{评估区总面积}}\times 100\% \tag{6-7}$$

结合湟水流域生态环境现状遥感调查结果，经统计计算，得到湿地面积占比结果见表6-8。

表6-8　湿地面积占比结果汇总表

指标	评估范围总面积(km^2)	评估范围内湿地面积(km^2)	湿地面积占比(%)
计算值	665	3.441	0.518
数据来源	卫星遥感数据	卫星遥感数据	根据公式(6-7)计算

湿地指天然或人工形成的沼泽地等带有静止或流动水体的成片浅水区。湿地生态系统中生存着大量动植物，很多湿地被列为自然保护区，该指标反映了生态系统自身净化能力的高低。

6.2.3　水生生物综合状况分项指标（B_3）

该分项指标包括4项评估指标，本章仅对调查结果进行统计评估，具体计算评估过程如下：

6.2.3.1　藻类完整性（$B_{3\text{-}1}$）

该指标利用下式计算：

$$B_{3-1}=\frac{\text{固着藻类密度BI值}+\text{总分类单元数BI值}+\text{BP指数BI值}}{3} \tag{6-8}$$

BI值为标准化处理值，有两种处理方法：

①随干扰增强而下降的指标（固着藻类密度、总分类单元、BMWP、耐污类群丰度），采用如下公式计算：

$$\text{下降类型指标BI值} = \frac{\text{样点观测值} - \text{样点观测值的5\%分位数}}{\text{样点观测值的95\%分位数} - \text{样点观测值的5\%分位数}} \times 100\% \quad (6\text{-}9)$$

下降类型指标BI值在0～100范围之间，>100时下降类型指标BI值视为100处理，<0时下降类型指标BI值视为0处理。

②随干扰增强而上升的指标（BP指数），计算公式如下：

$$\text{上升类型指标BI值} = \frac{\text{样点观测值的95\%分位数} - \text{样点观测值}}{\text{样点观测值的95\%分位数} - \text{样点观测值的5\%分位数}} \times 100 \quad (6\text{-}10)$$

上升类型指标BI值在0～100范围之间，>100时上升类型指标BI值视为100处理，<0时上升类型指标BI值视为0处理。

通过上述公式，我们对评估河段藻类监测结果进行统计。本次评估对12个监测点位测得的藻类指标分别计算藻类密度BI值、总分类单元数BI值、BP指数BI值，分别得到各点位的藻类完整性数值，并将各完整性数值平均，最终得到甘肃省湟水流域藻类完整性指标值，以表征评估河段藻类群落特征，反映评估河段的水生生物状态。藻类完整性结果见表6-9。

表6-9 藻类完整性结果汇总表

样点	分类单元数（属、种）	密度（ind./L）	BP指数	分类单元数BI值	密度BI值	BP指数BI值	藻类完整性值
1	24	38 400	0.125	44.91	72.727	37.695	51.777
2	22	31 200	0.154	36.926	44.755	6.282	29.321
3	40	24 600	0.049	100	19.114	100	73.038
4	36	54 000	0.089	92.814	100	77.018	89.944
5	17	24 000	0.150	16.966	16.783	10.471	14.74
6	10	14 400	0.167	0	0	0	0
7	17	25 200	0.143	16.966	21.445	18.249	18.887
8	15	27 600	0.130	8.982	30.769	31.776	23.843
9	17	24 000	0.100	16.966	16.783	64.919	32.889
10	20	33 600	0.107	28.942	54.079	57.140	46.721

续表6-9

样点	分类单元数（属、种）	密度（ind./L）	BP指数	分类单元数BI值	密度BI值	BP指数BI值	藻类完整性值
11	20	28 800	0.083	28.942	35.431	83.068	49.147
12	20	32 400	0.111	28.942	49.417	52.819	43.726
平均	–	–	–	–	–	–	39.502

可以看出，评估范围内藻类群落的物种较丰富，藻类密度较大，体现出该范围内河段的藻类生物量较大，且多样性较丰富；同时评估河段内不同监测点位的BP指数普遍较高，反映出该河段存在较明显的优势种群，该河段可能有一定污染。

6.2.3.2 大型底栖动物完整性（B_{3-2}）

该指标利用下式计算：

$$B_{3-2}=\frac{\text{总分类单元数BI值}+\text{BMWP指数BI值}+\text{BP指数BI值}}{3} \tag{6-11}$$

式中，总分类单元数和BMWP指数属于随干扰增强而下降的指标，BP指数属于随干扰增强而上升的指标。

此外，BMWP指数在不同区域应用过程中，需要进行相应修订，且国内目前在大型底栖生物的研究方面尚未形成统一的标准和方法体系，故本次调查中，计算BMWP所使用的敏感值通过参考国内外文献资料确定，尤其对有学者修正过的敏感值进行了对比，根据湟水的水文特点，选择了适合湟水流域的敏感值。

同样，通过公式（6-8）、（6-9）、（6-10），我们对评估河段底栖动物监测结果进行了标准化处理。本次评估对12个监测点位测得的底栖动物指标分别计算总分类单元数BI值、BMWP指数BI值、BP指数BI值，分别得到各点位的底栖动物完整性数值，并将各完整性值平均，最终得到底栖动物完整性指标值，以表征评估河段底栖生物群落特征，反映评估河段的水生生物状态。大型底栖动物完整性计算结果见表6-10。

表6-10 大型底栖动物完整性结果汇总表

点位	分类单元数（属、种）	BMWP指数	BP指数	分类单元数BI值	BMWP指数BI值	BP指数BI值	底栖动物完整性值
1	2	8	0.500	18.182	6.107	68.966	31.085
2	1	1	1	0	0.763	0	0.254
3	4	15	0.250	54.545	11.45	100	55.332
4	–	–	–	–	–	–	–

续表6-10

点位	分类单元数（属、种）	BMWP指数	BP指数	分类单元数BI值	BMWP指数BI值	BP指数BI值	底栖动物完整性值
5	1	5	1	0	3.817	0	1.272
6	4	15	0.429	54.545	11.45	78.759	48.251
7	1	1	1	0	0.763	0	0.254
8	3	7	0.778	36.364	5.344	30.621	24.109
9	8	29	0.304	100	22.137	96.000	72.712
10	4	13	0.667	54.545	9.924	45.931	36.800
11	2	3	0.500	18.182	2.290	68.966	29.812
12	5	25	0.300	72.727	19.084	96.552	62.788
平均	-	-	-	-	-	-	32.970

可以看出，评估范围内现有底栖动物种类相对较少，同时，评估河段内不同监测点位的BP指数均很高，表明该河段的底栖动物种群类型比较单一，存在较明显的优势种群，物种多样性较低，稳定性较低。

6.2.3.3　鱼类完整性（B_{3-3}）

该指标利用下式计算：

$$B_{3-3}=\frac{\text{物种数BI值}+\text{耐污类群相对丰度BI值}+\text{BP指数BI值}}{3} \quad (6\text{-}12)$$

式中，物种数属于随干扰增强而下降的指标，耐污类群相对丰度和BP指数属于随干扰增强而上升的指标。

同样，通过公式（6–8）、（6–9）、（6–10），我们对评估河段鱼类监测结果进行统计。本次评估对4个监测点位测得的鱼类指标分别计算物种数BI值、耐污类群相对丰度BI值、BP指数BI值，分别得到各点位的鱼类完整性数值，并将各完整性数值平均，最终得到甘肃省湟水流域鱼类完整性指标值，以表征评估河段鱼类群落特征，反映评估河段的水生生物状态。鱼类完整性结果见表6–11。

表6-11 鱼类完整性结果汇总表

点位	分类单元数（种）	耐污类群相对丰度*	BP指数	物种数BI值	耐污类群相对丰度BI值	BP指数BI值	鱼类完整性数值
1	11	0.32	0.321	100	0	54.604	51.535
2	6	0.19	0.372	0	100	15.537	38.512
3	7	0.19	0.396	20	100	0	40
4	7	0.27	0.25	20	34.694	100	51.565
平均	-	-	-	-	-	-	45.403

可以看出，评估范围内现有鱼类种类相对较少（以泥鳅、北方花鳅和大鳞副泥鳅为主），且1#、4#点位的BP指数BI值较高，表明该处可能存在水质污染较重的现象。

鱼类完整性综合反映一个地区鱼类群落的物种组成、多样性和功能等的稳定能力，由物种数、耐污类群相对丰度以及BP指数计算而来。物种数即每个监测样点所鉴定出来的全部物种数，能反映群落中的丰度程度。耐污类群相对丰度即群落中耐污能力（专家经验判断）较高的分类单元个体数占总个体数的比例，能反映群落中的受干扰程度，数值越大表明水质受到污染越严重。BP指数同固着藻类部分。

6.2.3.4 水生植物完整性（B_{3-4}）

根据《江河生态安全评估技术指南》规定，分析评估范围内的水生植物完整性等特征能够反映出一个地区水生态环境受到的干扰情况，从而分析评估范围内整体生态水平。本次评估通过查阅、分析国内目前针对水生植物完整性评价相关进展，发现国内河流健康评价中常用的植被指标主要是植物多样性指数，而植被生物完整性评价体系的构建尚不成熟，且参数确定缺乏参考和有效依据，加之评估时间较短，故本次评估工作仅针对水生植物开展了定性调查分析。

据此，结合评估范围内生态环境状况实际，本次评估不纳入水生植物完整性评估，同时将该项评估指标权重平均分摊至B_3其他指标。

6.3 指标评估与分析

6.3.1 水质综合状况评估

根据前述计算结果，确定评估范围水质综合状况打分及评估结果。该分项指标仅涉及一项评估指标，即水质达标率。

水质综合状况：经分析可知，评估范围内水质可以基本达到对应水功能区的《地表水环境质量标准》（GB 3838—2002）中相应的指标限值，表明评估范围水质满足功能区对应要求，水质良好。根据公式（5-2），计算确定该评估指标得分为52.0分，由于仅有一项评估指标，故本次水质综合状况评估得分为52.0分，等级为三级。具体见表6-12。

表6-12 水质综合状况等级评分标准

等级	表征状态	分值
一级	水质很好	(80,100]
二级	水质良好	(60,80]
三级	水质一般	(40,60]
四级	水质较差	(20,40]
五级	水质差	(0,20]

6.3.2 物理栖息地综合状况评估

按照前述3个步骤，确定评估范围物理栖息地打分及评估结果。该分项指标包括五项评估指标，即年生态基流满足率、连通性、自然岸线比例、河岸带植被覆盖度、湿地面积占总面积比例。

年生态基流满足率：经过分析可知，本次评价河段当年实际流量明显高于最小生态基流量，年生态基流满足率计算结果为750%，表明评估河段流量完全可以满足河段生态流量需要。根据公式（5-2），结合专家打分校核，考虑到评估河段内引水式电站较多，部分河段出现减水，综合确定评估河段年生态基流满足率得分为90.0分。

连通性：经分析可知，评估河段的水电开发程度较高，河段沿线闸坝达13座（其中支流大通河2座），较明显地影响了河道上下游的连通性。该指标属越小越好型，根据公式（5-4），结合专家打分校核，确定评估河段河道连通性得分为4.3分。

自然岸线比例：经分析可知，评估范围内支沟较多，但人工岸线长度较短，主要集中在湟水干流沿线，分布于水工设施及城镇建成区，经计算，评估范围自然岸线长度比例约占84%，表明沿线开发扰动相对较少，较适合河岸周边生物生长。根据公式（5-2），结合专家打分校核，确定评估河段自然岸线比例得分为84.0分。

河岸带植被覆盖度：经分析可知，评估范围内河岸带植被以自然生长植物为主，植被在天然河岸带内覆盖面积约为83.82%，反映出评估范围内的河道能够抵抗一定的侵蚀。根据公式（5-2），结合专家打分校核，确定评估河段自然岸线比例得分为83.8分。

湿地面积占总面积比例：经分析可知，评估范围内湿地及沼泽区域很少，仅占评估区域总面积的0.5%，表明区域内水体自身基本无净化能力。根据公式（5-2），结合专家打分校核，确定评估河段湿地面积占总面积比例得分为0.5分。

根据上述赋分结果，按照公式（5-6），计算得到评估河段物理栖息地状况综合得分为60.5分，评估等级为二级。具体见表6-13。

表6-13　物理栖息地综合状况等级评分标准

等级	表征状态	指标特征	分值
一级	完整	江河生态基流满足率高,纵向连通性好,无闸坝及水电站,江河自然岸线比例大,河岸带植被覆盖度高。	(80,100]
二级	较完整	江河生态基流满足率较高,纵向连通性较好,闸坝及水电站数量少,江河自然岸线比例较大,河岸带植被覆盖度较高。	(60,80]
三级	一般	江河生态基流满足率一般,纵向连通性较好,闸坝及水电站较少,江河自然岸线比例一般,河岸带植被覆盖度一般。	(40,60]
四级	受损	江河生态基流满足率较低,纵向连通性较差,闸坝及水电站较多,江河自然岸线比例较小,河岸带植被覆盖度较少。	(20,40]
五级	严重受损	江河生态基流满足率低,纵向连通性差,闸坝及水电站多,江河自然岸线比例很小,河岸带植被覆盖度低。	[0,20]

6.3.3　水生生物综合状况评估

按照前述3个步骤，确定评估范围内水生生物综合状况打分及评估结果。该分项指标包括4项评估指标，即藻类完整性、大型底栖动物完整性、鱼类完整性、水生植物完整性。

藻类完整性：评估河段范围内藻类群落的物种较丰富，藻类密度较大，体现出该河段的藻类生物量较大，且藻类物种较丰富；同时评估河段内不同监测点位的BP指数普遍较高，反映出存在较明显的优势种群，判断相应河段可能存在一定污染。根据公式（5-2），结合专家打分校核，确定评估河段藻类完整性最终得分为39.5分。

大型底栖动物完整性：评估河段范围内大型底栖动物种群类型较单一，且存在明显的优势种群，稳定性较低。根据公式（5-2），结合专家打分校核，确定评估河段大型底栖动物完整性最终得分为33.0分。

鱼类完整性：评估范围内现有鱼类种类相对较少，根据公式（5-2），结合专家打分校核，确定鱼类完整性最终得分为45.4分。

水生植物完整性：由于评估河段内未开展水生植物取样分析，本项评估指标不再进行评估。

根据上述赋分结果，按照公式（5-6），计算得到评估河段水生生物状况综合得分为39.3分，等级为四级。具体见表6-14。

表6-14　水生生物综合状况等级评分标准

等级	表征状态	特征描述	得分
一级	健康	相对而言没有人类的干扰，所有期望出现的种类，包括耐受性极差的种类都存在，有平衡的营养结构。	(80,100]
二级	亚健康	由于耐受性极差种类的消失，种类丰度、某些种类的数量略低于期望值，营养结构显示出某种低压力。	(60,80]
三级	一般	环境恶化的信号增加，包括耐受性差的种类消失，较少的种类和通常的种类数据下降，杂食性物种和耐受强种类的频度增加使营养结构偏斜，顶级物种者可能罕见。	(40,60]
四级	较差	少数种类，包括杂食性种类、耐受性强的种类、适应多种栖息地的种类等占据优势，极少顶级捕食者。	(20,40]
五级	极差	除耐受性强的杂食性种类外，其他种类较少。	[0,20]

综上所述，评估区域流域健康分项指标及专项指标评分结果见表6-15。

表6-15　评估区域生态系统健康分项评估结果汇总表

序号	分项指标	评估指标	评估指标得分	评估指标权重	分项指标加权得分	评估等级
1	水质综合状况	水质综合得分	52.0	1	52.0	三级
2	物理栖息地综合状况	年生态基流满足率	90.0	0.2	60.5	二级
		连通性	4.3	0.1		
		自然岸线比例	84.0	0.25		
		河岸带植被覆盖度	83.8	0.25		
		湿地面积占比	0.5	0.2		
3	水生生物综合状况	藻类完整性	39.5	0.25	39.3	四级
		大型底栖动物完整性	33.0	0.38		
		鱼类完整性	45.4	0.37		

6.4　生态系统健康综合评估

按照《江河生态安全评估技术指南》中确定的权重，利用公式（5-7），对评估范围内生态系统健康各分项指标进行加权综合，即得到评估范围内生态系统健康综合得分，结果见表6-16。

表6-16 评估区域生态系统健康专项评估结果汇总表

专项指标	代号	分项指标	分项指标权重	分项指标加权得分	专项指标加权得分
生态系统健康	B_1	水质综合状况	0.4	52.0	50.74
	B_2	物理栖息地综合状况	0.3	60.5	
	B_3	水生生物综合状况	0.3	39.3	

可以看出，经过对评估区域生态系统健康各评估指标进行分析、计算及汇总，确定评估范围内生态系统健康水平综合得分为50.74分，对照生态系统健康等级评估标准（表6-17）可知，评估区域生态系统健康综合评估等级为三级，表明评估区域的水生态系统总体状态良好，但是受人为活动的干扰和影响较为明显，生态系统健康状况属于一般水平。

表6-17 生态系统健康等级评估标准

等级	表征状态	特征描述	得分
一级	健康	水生态系统未受到或仅受到极小的人为干扰，并且接近水生态系统的自然状况。	(80,100]
二级	亚健康	水生态系统受到较少的人类干扰，水质较好，物理栖息地质量轻微退化，极少数对人为活动最敏感的物种有一定程度的丧失。	(60,80]
三级	一般	水生态系统受到中等程度的人为干扰，水质一般，物理栖息地受到中等程度干扰，大部分对人为干扰敏感的物种丧失，水生生物群落以中等耐污染物种占据优势。	(40,60]
四级	较差	水生态系统受到人为干扰程度较高，水质较差，物理栖息地受到较强干扰，对人为活动敏感的物种全部丧失，水生生物群落中等耐污和耐污染物种占据优势，群落呈现单一化趋势。	(20,40]
五级	极差	水生态系统受到人为干扰严重，水质很差，物理栖息地受到很强干扰且退化明显，水生生物群落以耐污染物种占据绝对优势。	[0,20]

7 生态服务功能评估

7.1 评估方法

根据《江河生态安全评估技术指南》推荐的调查评估方法，本次生态服务功能评估结合甘肃省湟水流域实际，确定了6个分项指标和7个具体评估指标。具体评估方法及步骤同本研究第5.1节，各评估指标按照表7–1确定的评分标准赋分。

在本次生态服务功能评估中，集中式饮用水源地水质利用红古区环保局例行监测数据，流域水环境质量采用本次评估工作于2018年实测的水质监测数据，珍稀物种依据水利部黄河水利委员会及甘肃省、青海省等官方发布的珍稀及濒危物种分布资料确定，污染物排放源强依据红古、民和、永靖已发布的污染物排放源强资料确定。评估指标见表7–1。

表7–1 江河生态系统服务功能评估指标等级

评估指标	单位	指标等级与赋分				
		一级	二级	三级	四级	五级
		80～100	60～80	40～60	20～40	0～20
集中式饮用水源地水质达标率	%	100	95～100	90～95	85～90	＜85
水源涵养指数	%	>40	30～40	20～30	10～20	0～10
径污比	–	>10	8～10	6～8	4～6	<4
珍稀物种生境代表性	–	具有国际和国家一级珍稀濒危保护物种的避难所、保育场、索饵场、产卵场	具有国家二级保护物种的避难所、保育场、索饵场、产卵场	是一般物种的避难所、保育场、索饵场、产卵场	是水生生物的重要活动场所	是水生生物的非重要活动场所

续表7-1

评估指标	单位	指标等级与赋分				
		一级	二级	三级	四级	五级
		80～100	60～80	40～60	20～40	0～20
外来物种入侵情况	–	存在有极高危害的物种，危害特征符合一类动物疫病、甲类传染病、一类有害生物或恶性杂草水平	存在有高危害的物种，危害特征符合二类动物疫病、乙类传染病、二类有害生物或区域恶性杂草水平	存在有一定危害的物种，危害特征符合三类动物疫病、丙类传染病、三类有害生物、常见杂草或一般杂草水平	存在有危害较小的物种	不存在具有危害的物种
单位水域面积的捕捞量	kg/hm^2	>90	70～90	50～70	30～50	<30
鱼龄	年	>4	3～4	2～3	1～2	<1
自然保护区级别	–	国家级自然保护区	省（自治区）、直辖市级自然保护区	市（自治州）级自然保护区	县级自然保护区	其他

7.2 指标计算

7.2.1 饮用水服务功能分指标（C_1）

集中式饮用水源地水质达标率（C_{1-1}）

该指标利用下式计算：

$$C_{1-1}=\frac{\text{所有断面达标频次之和}}{\text{全年所有断面检测总频次}}\times 100\% \tag{7-1}$$

根据要求，本次评价收集到评估范围内4处集中式饮用水水源地（海石湾水源地、窑街水源地、花庄水源地、平安水源地）2016—2018年内的例行水质监测资料，均由红古区环保局实施，每次监测针对水源地基本项（23项）、水源地补充项（5项）、水源地特定项（88项）实施监测。

经统计，评估范围内4处集中式饮用水源地全年所有断面除总氮、粪大肠菌群两项指标外，各指标均达到《地表水环境质量标准》（GB 3838—2002）Ⅲ级标准（总氮、粪大肠菌群不参与评价）。评估河段集中式饮用水源地水质达标率结果见表7-2。

表7-2　甘肃省湟水流域水源地水质达标率结果汇总表

指标	全年所有断面监测总频次(次)	所有断面达标(Ⅲ级)频次之和(次)	饮用水水质达标率(%)
计算值	16	16	100
数据来源	各集中式饮用水水源地例行监测数据,利用公式(7-1)计算		

7.2.2　水源涵养功能分指标（C_2）

水源涵养指数（C_{2-1}）

该指标利用下式计算：

$$C_{2-1} = 滩涂湿地和沼泽覆盖率 \times 0.5 + 林地覆盖率 \times 0.35 + 草地覆盖率 \times 0.15 \quad (7-2)$$

式中，滩涂湿地和沼泽地覆盖率是指滩涂湿地和沼泽地面积之和占评估区陆域总面积的百分数，林地覆盖率是指林地面积之和占评估区陆域总面积的百分数，草地覆盖率是指草地（高覆盖度草地、中覆盖度草地和低覆盖度草地）面积之和占评估区陆域总面积的百分数。

根据卫星遥感解译数据，经统计，水源涵养功能结果见表7-3。

表7-3　甘肃省湟水流域水源涵养指数结果汇总表

指标	评估区域总面积(km^2)	评估区域滩涂湿地覆盖率(%)	评估区域沼泽覆盖率(%)	评估区域林地覆盖率(%)	评估区域草地覆盖率(%)	水源涵养指数(%)
计算值	665.000	0.480	0.038	0.954	66.977	10.63
数据来源	卫星遥感解译,利用公式(7-2)计算					

水源涵养，是指养护水资源的举措。一般可以通过恢复植被、建设水源涵养区达到控制土壤沙化、降低水土流失的目的。

7.2.3　水环境净化功能（C_3）

径污比（C_{3-1}）

该指标利用下式计算：

$$C_{3-1} = \frac{Q_{径}}{Q_{入}} \quad (7-3)$$

式中，$Q_{径}$为河道设计流量，本次评价引用评估河段近7年的平均径流量；$Q_{入}$为污水入河量，本次评估范围内污水入河来源主要包括工业排污、生活排污、区域降水径流、农田灌溉退水，通过收集统计年鉴、污染普查材料确定，具体如下：

①工业排污量

评估范围内现有企业实现集中排污的，引用企业年度排污数据。具体见表7-4。

表7-4 评估范围内集中式废水排放量一览表

类别	企业名称	排放污水量(入河)(t/a)	项目位置
企业	甘肃阿敏生物清真明胶有限公司	550 040.4	红古镇薛家村
	方大炭素新材料科技股份有限公司	1 526 576	海石湾镇炭素路
	兰州伊利乳业有限责任公司	620 070	花庄镇青土坡村
城镇	窑街污水处理厂	1 251 000	窑街镇
	海石湾污水处理厂	5 879 496	海石湾镇
	民和县污水处理厂	5 150 150	川口乡红卫村
	民和县第二污水处理厂	1 825 000	马场垣乡磨沟子村
合计		2 696 686.4	

②城镇生活排污量

评估范围内仅红古区建成区及工业集中区实现了污水集中收集处理及排放，农村地区均未开展污水集中收集或排放，故本次评估中根据评估范围内污水处理设施统计数据，结合现场调查，确定主要生活污水排放量。

③其他污水入河量

评估范围内土地类型多样，且沿线均为旱地、草地及耕地，无规模化畜禽养殖企业，污水产生量少且无收集处理设施，多数为自由泼洒。为便于资料获取和统计估算，我们对评估范围内非点源形成的污水入河量做概化处理，即以评估范围内降雨冲刷径流量作为污水入河量。

通过查阅《黄河水资源公报》（2018，水利部黄河水利委员会）可知，评估范围（湟水段）内多年平均降水量为469.30 mm，则评估范围内多年平均降雨量为3.12亿m³。

经计算，水环境净化功能评估结果见表7-5。

水环境净化能力是河流为水生生物提供良好生境质量的基本功能，可以用径污比来表示。径污比即江河径流量与排入江河的污水量之比。径污比越高，反映水体的自净能力越强。

表7-5 水环境净化功能结果汇总表

指标	评估河段多年平均流量(m³/年)	评估河段降水入河量(m³/年)	评估河段生活污水入河量(m³/年)	评估河段工业废水排放量(m³/年)	径污比
计算值	4 109 140 800	312 000 000	14 105 646	2 696 686	12.50
数据来源	《黄河水资源公报》(2013—2018,水利部黄河水利委员会)		红古区环境保护局统计资料、《民和县污水处理厂环境影响报告》、《民和县第二污水处理厂环境影响报告书》		利用公式(7-3)计算

7.2.4 生物多样性功能（C_4）

7.2.4.1 珍稀物种生境代表性（C_{4-1}）

该指标中，各因素通过邀请当地林业、环保、农业专家进行现场咨询和打分，同时结合现场实际调查情况确定。

评估结果见表7-6。

表7-6 珍稀物种生境代表性专家打分结果汇总表

指标	珍稀鱼类	重要文化景观	珍稀濒危物种	重点保护物种的关键性生境
打分值(分)	0	0	0	13
数据来源	专家打分,实地定性调查			

①珍稀鱼类：评估范围内未发现《国家重点保护野生动物名录》所列的特有和珍稀保护鱼类，无鱼类特殊和保护生境；

②重要文化景观：评估范围内无重点保护文物、无重要的文化景观；

③珍稀濒危物种：评估范围内未发现《国家重点保护野生动物名录》所列的珍稀及濒危野生动物；

④关键性生境：评估范围内无特殊、关键性生境。

通过评估可以看出，评估范围内不存在国家重点保护的野生动物及关键性生境，无重要文化景观，区域人类活动较多，不属于珍稀物种的代表生境。

7.2.4.2 外来物种入侵（C_{4-2}）

该指标中，各因素通过邀请当地林业、环保、农业专家进行咨询和打分，同时结合现场实际调查情况确定。评估打分结果见表7-7。

表7-7 外来物种入侵专家打分结果汇总表

指标	外来物种入侵的威胁程度情况
打分值(分)	42.0
数据来源	专家打分,实地定性调查

经调查，评估范围内未发现有危害的外来物种，未发现较大的动物疫病和传染病。其中在下游河段，发现如麦穗鱼、黄颡鱼、鲫鱼、大鳞副泥鳅、泥鳅等外来物种，这些种类很可能是从人工养殖环境中释放而来。此外，评估范围内主要社会经济活动为种植、养殖业，耕地沿湟水两岸分布，且沿线分布有养猪、养鸡、养牛企业，均为人工培育物种。这些物种若流散到外环境中，可能会就地生长繁殖，与本地特有物种产生相互作用。

7.2.5 水产品供给功能分指标（C_5）

7.2.5.1 单位水域面积捕捞量（C_{5-1}）

单位水域面积捕捞量利用下式计算：

$$C_{5-1}=\frac{\text{捕捞量}}{\text{水域面积}} \tag{7-4}$$

评估范围内目前无规模化的水产养殖活动，无水产养殖企业，评估河段已全面实施禁渔，也不存在规模化的捕捞活动。同时通过走访当地渔业部门、群众、乡村干部和钓鱼爱好者获知，湟水干流鱼类资源量逐年在减少，每年鱼类集群出现的季节为7～8月，且在下游靠近黄河交汇处，夏季偶尔可见从养殖环境中逃逸出来的虹鳟等肉食性鱼类和大规模鲇形目的鱼类。经评估可知，评估范围内不承担水产品供给功能，“单位水域面积捕捞量”指标评价结果见表7-8。

表7-8 水产品供给功能结果汇总表

指标	调查水域面积(hm^2)	捕捞量(kg)	单位水域捕捞量
计算值	771.5×1.2	0	0
数据来源	现场调查，《农业部关于实行黄河禁渔期制度的通告》(农业部通告〔2018〕2号)		

7.2.5.2 鱼龄（C_{5-2}）

据调查可知，评估范围内长期全面禁渔，以保护鱼类，即该水域不承担“水产品供给功能”，因此，评估范围内水体不涉及“水产品供给功能”，故“鱼龄”指标不适用于本调查水域，结合实际，本次评估不进行鱼龄调查。

据此，为了反映评估范围内实际情况，本次评估将该评估指标权重分配至其他分项指标中。

7.2.6 保护区功能分指标（C_6）

7.2.6.1 自然保护区级别（C_{6-1}）

通过实地调查可知，本次评估范围为甘肃省湟水流域，周边不存在自然保护区、鱼类“三场”、文化风景名胜等特殊敏感区域和保护区域。

7.3 指标评估与分析

7.3.1 赋分方法

按照《江河生态安全评估技术指南》，分4个步骤，分别对评估指标和分项指标、专项指标进行赋分，并最终得到生态功能专项指标综合得分。

具体赋分及计算的方法步骤、公式同本研究第5.1内容。

7.3.2 饮用水服务功能评估

根据前述指标计算分析结果，对照《江河生态安全评估技术指南》附表C-3指标等级与赋分表进行赋分，同时邀请专家根据现状资料对各评估指标打分进行校核，最终确定打分及评估结果。该指标仅涉及一项分指标，即集中式饮用水源地水质达标率。

集中式饮用水源地水质达标率：经过分析可知，本次评价河段3处集中式饮用水源地水质均达到Ⅱ级标准（总氮、粪大肠菌群两项指标除外），表明评估河段内水源地水质良好，能够为当地居民提供安全的饮用水，饮用水服务功能较好。根据公式（5-2），结合专家对赋分校核，确定评估河段内集中式饮用水源地水质达标率最终得分为95.0分。

7.3.3　水源涵养功能评估

根据前述指标计算分析结果，对照《江河生态安全评估技术指南》附表C-3指标等级与赋分表，采用上述赋分方法，同时邀请专家根据现状资料对各评估指标打分进行校核，最终确定打分及评估结果。该评估指标仅涉及一项分指标，即水源涵养指数。

水源涵养指数：经过分析可知，评估范围内水源涵养指数计算值为10.63%，显示当地水源涵养能力相对较弱。根据公式（5-2），结合专家对赋分校核，确定评估河段内水源涵养指数最终得分为21.3分。

7.3.4　水环境净化功能评估

根据前述指标计算分析结果，对照《江河生态安全评估技术指南》附表C-3指标等级与赋分表，采用上述赋分方法，最终确定该分项指标的评估结果。该评估指标仅涉及一项分指标，即径污比。

径污比：经过分析可知，评估范围内主要污水排放来源包括生活、工业、农牧业及降雨径流，径污比值为12.50，表明评估范围内各类污水排放量占河道径流量的比重较小。根据公式（5-3），结合专家对赋分校核，确定评估河段内径污比最终得分为82.5分。

7.3.5　生物多样性功能评估

根据前述指标计算分析结果，对照《江河生态安全评估技术指南》附表C-3指标等级与赋分表进行赋分，同时邀请专家根据现状资料对各评估指标打分进行校核，最终确定打分及评估结果。该评估指标包括两项分指标，分别是珍稀物种生境代表性和外来物种入侵。

珍稀物种生境代表性：通过分析和现场调查可知，评估区域内人类活动较多，评估范围内不存在国家重点保护的野生动物及特殊生境，无重要文化景观，无重要的鱼类“三场”。故根据专家打分综合后结果，确定评估河段内珍稀物种生境代表性最终得分为13.0分。

外来物种入侵：经调查分析可知，评估区域内未发现较大的动物疫病和传染病，但在野生环境中发现了外来物种，如鱼类等，同时调查范围内耕地、养殖畜禽均为人工培育物种，存在进入环境影响本地物种的可能。根据公式（5-2），结合专家对赋分校核，确定评估河段内外来物种入侵最终得分为42.0分。

7.3.6　水产品供给功能评估

根据前述指标计算分析结果，对照《江河生态安全评估技术指南》附表C-3指标等级与赋分表进行赋分，同时邀请专家根据现状资料对各评估指标打分进行校核，最终确定打分及评估结果。该评估指标包括两项分指标，分别是单位水域面积捕捞量和鱼龄。

单位水域面积捕捞量：通过调查，评估范围内目前已无规模化的水产养殖活动，无水产养殖企业，区域内也不存在捕捞活动。根据调查情况，计算得到评估范围内单位水域捕捞量为0，表明区域水产资源较少。根据专家打分综合后的结果，确定评估河段内单位水域面积捕捞量最终得分为0分。

鱼龄：根据本次评估实际情况，不再纳入该项评估指标。

7.3.7 保护区功能评估

根据前述指标计算分析结果，对照《江河生态安全评估技术指南》附表C-3指标等级与赋分表，邀请专家，根据已收集和提供的资料，分别独立进行打分。该评估指标仅包括一项分指标，即保护区级别。

自然保护区级别：通过调查和查阅资料可知，评估范围内不存在自然保护区、鱼类“三场”、文化风景名胜等特殊敏感区域和保护区域。这说明评估区域不涉及自然保护区特殊功能，但这并不表明评估范围内的生态功能退化或不全。根据专家打分综合后的结果，确定评估河段自然保护区级别最终得分为20.0分。

综上，评估区域生态服务功能各指标及分指标评分结果见表7-9。

表7-9 评估区域生态服务功能分项指标评估结果汇总表

序号	分项指标	评估指标	评估指标得分(分)	评估指标权重	分项指标加权得分(分)
1	饮用水服务功能	集中式饮用水源地水质达标率	95.0	1	95.0
2	水源涵养功能	水源涵养指数	21.3	1	21.3
3	水环境净化功能	径污比	82.5	1	82.5
4	生物多样性功能	珍稀物种生境代表性	13.0	0.5	27.5
		外来物种入侵	42.0	0.5	
5	水产品供给功能	单位水域面积捕捞量	0.0	1	0.0
6	保护区功能	自然保护区级别	20.0	1	20.0

7.4 生态服务功能综合评估

按照《江河生态安全评估技术指南》中确定的权重，利用公式（5-7），对评估范围内生态服务功能各分项指标进行加权综合，即得到评估范围内生态服务功能综合得分，结果见表7-10。

表7-10　评估区域生态服务功能专项评估结果汇总表

专项指标	编号	分项指标	分项指标权重	分项指标加权得分(分)	专项指标加权得分(分)
生态系统服务功能(C)	C_1	饮用水服务功能	0.2	95	43.52
	C_2	水源涵养功能	0.15	21.3	
	C_3	水环境净化功能	0.15	82.5	
	C_4	生物多样性功能	0.2	27.5	
	C_5	水产品供给功能	0.15	0.0	
	C_6	保护区功能	0.15	20.0	

由表7-10可以看出，经过对评估区域生态服务功能各评估指标进行分析、计算及汇总，确定评估范围内生态服务功能水平综合得分为43.52分，评估区域生态系统服务功能综合评估等级为三级，表明评估区域的水生态系统总体服务功能较低。具体见表7-11。

表7-11　生态系统服务功能等级评估标准

等级	表征状态	指标特征	分值
一级	极高功能	江河生态系统服务功能非常重要，能够充分发挥	(80,100]
二级	高功能	江河生态系统服务功能很重要，能够满足人类需求	(60,80]
三级	中等功能	江河生态系统服务功能存在一定程度受损现象，基本能满足人类需求	(40,60]
四级	较低功能	江河生态系统服务功能存在部分缺失现象	(20,40]
五级	低功能	江河生态系统服务功能受损严重，无法满足人类需求	[0,20]

8 生态风险评估

8.1 评估方法

根据《江河生态安全评估技术指南》推荐的调查评估方法，本次生态风险评估结合湟水流域实际情况，确定了2个分项指标和8个具体评估指标。具体评估方法及步骤同本研究第5.1节，各评估指标按照表8-1确定的评分标准赋分。

表8-1 江河生态风险评估指标等级

序号	评估指标	单位	指标等级与赋分				
			一级	二级	三级	四级	五级
			80～100	60～80	40～60	20～40	0～20
1	化学品临界比值	分	0～1	1～5	5～10	10～50	50～100
2	生产工艺过程	分	0～5	5～10	10～20	20～30	30～40
3	暴露人口数量	万人	0～0.1	0.1～1	1～5	5～10	>10
4	敏感保护目标	分	0～5	5～10	10～15	15～20	>20
5	安全管理与风险防范	分	75～80	70～75	65～70	60～65	55～60
6	陆运和航运运输风险	分	0～3	3～7	7～9	9～15	>15
7	有毒有害有机物	-	0～0.3	0.3～0.7	0.7～1	1～1.5	1.5～2
8	重金属类	-	0～0.3	0.3～0.7	0.7～1	1～1.5	1.5～2

8.2 指标计算

8.2.1 突发风险分项指标（D_1）

该分项指标包括化学品临界比值、生产工艺过程、暴露人口数量、敏感环境目标4个具体指标。

8.2.1.1 化学品临界比值（D_{1-1}）

该指标参考《危险化学品重大危险源辨识》（GB 18218—2018）和《企业突发环境事件风险评估指南》中的方法，用危险物质的储量与临界量之比来表征危险物质带来的危害程度，计算公式如下：

$$D_{1-1} = \frac{q_1}{Q_1} + \frac{q_2}{Q_2} + \cdots + \frac{q_n}{Q_n} \tag{8-1}$$

式中，q_1，q_2，…，q_n为每种化学物质的最大存在总量（单位：t），Q_1，Q_2，…，Q_n为每种化学物质的临界量（单位：t）。

湟水流域企业化学品临界比值分级标准见表8-2所示。

表8-2 湟水流域化学品临界比值分级及赋分标准

指标内容	分级标准及赋分				
	低(一级) $N \geq 80$	较低(二级) $60 \leq N < 80$	中等(三级) $40 \leq N < 60$	较差(四级) $20 \leq N < 40$	差(五级) $N < 20$
化学品 临界比值	0～1	1～5	5～10	10～50	50～100

本次评估收集了甘肃省第二次污染源普查相关数据，从红古区普查数据库中调取了“G105工业企业突发环境事件风险信息表”。首先，从该表初步掌握风险企业名单、涉及的危险化学品物质、储存量等基本信息；其次，现场核实危险化学品物质和储存量是否属实，有无遗漏的危化品。最后，结合现场调查情况、污染源普查情况及《企业突发环境事件风险分级方法》（HJ 941—2018），得出湟水流域涉及的化学品临界比值。

湟水流域范围内涉及危险化学物质企业共15家、危险物质13种，具体的企业位置、危险物质种类和储量等基本情况见表8-3所示，根据公式8-1及表8-3中的危险物质的储存量及临界量计算得出该比值结果为103.5分。对照表8-2可知，湟水流域突发风险指标中化学品临界比值等级为五级。

8.2.1.2 生产工艺过程（D_{1-2}）

该指标采用评分法对企业生产工艺过程进行评估，根据企业风险单元调查表，参照《企业突发环境事件风险评估指南》的方法，生产工艺评价按表8-4的评估指标分别赋值计分，相加确定单元危险度。

湟水流域可能引发突发环境事件的企业生产工艺过程分级标准见表8-5所示。

表8-3 危险企业名单、涉及的危险化学品物质、储存量等基本信息

序号	企业名称	企业位置 经度/纬度	危险化学品物质	CAS号	存量(t)	临界量(t)	临界比值
1	窑街煤电集团有限公司海石湾煤矿	102°52′15.12″ 36°20′56.16″	甲烷	74-82-8	0.05	10	0.005
			硝酸铵	6484-52-2	1	50	0.02
2	兰州新蓝天新材料有限责任公司	103°11′1.49″ 36°11′10.46″	氨气	7664-41-7	48	5	9.6
			氨水	1336-21-6	40	10	4
			氢气	1333-74-0	0.05	10	0.005
			甲烷	74-82-8	8	10	0.8
3	兰州宏伟食品有限责任公司	103°12′34.12″ 36°11′51.81″	氨气	7664-41-7	4	5	0.8
4	甘肃阿敏生物清真明胶有限公司	102°57′18″ 36°17′19″	磷酸	7664-38-2	7	10	0.7
			盐酸	7647-01-0	400	7.5	53.33
5	兰州禹虹防水防腐保温工程有限公司	103°6′51″ 36°13′7″	油类物质	/	50	2 500	0.02
6	兰州伊利乳业有限责任公司	103°10′39.29″ 36°11′40.25″	硝酸	7697-37-2	0.886	7.5	0.118
7	甘肃窑街油页岩综合利用有限责任公司	102°53′29″ 36°22′22″	油类物质	/	1 526	2 500	0.61
			煤气	/	23	7.5	3.067
8	窑街煤电集团有限公司金河煤矿	102°51′46″ 36°24′15″	甲烷	74-82-8	3.6	10	0.36
			油类物质	/	3.32	2 500	0.001
			乙炔	74-86-2	5	5	1
			硫酸	7664-93-9	2.5	10	0.25
9	甘肃窑街煤电祁连山水泥有限责任公司	102°52′25.25″ 36°26′23.03″	乙炔	74-86-2	0.25	5	0.05
10	窑街煤电集团兴元铁合金有限责任公司	102°51′38.23″ 36°24′50.08″	油类物质	/	1	2 500	0.000 4

续表8-3

序号	企业名称	企业位置 经度/纬度	危险化学品物质	CAS号	存量（t）	临界量（t）	临界比值
11	窑街煤电集团甘肃金凯机械制造有限责任公司红古分公司	102°51′38.8″ 36°24′56.98″	油类物质	/	1.62	2 500	0.000 6
			乙炔	74-86-2	0.675	5	0.135
12	中国铝业股份有限公司兰州分公司	103°19′10.84″ 36°9′18.13″	氢气	1333-74-0	260	10	26
			乙炔	74-86-2	0.4	5	0.08
			盐酸	7647-01-0	1	7.5	0.133
			油类物质	/	60	2 500	0.024
13	甘肃四方乙炔气体有限公司	103°9′22″ 36°11′38″	乙炔	74-86-2	10.8	5	2.16
14	窑街劣质煤热电厂	102°52′25″ 36°26′27″	油类物质	/	4.5	2 500	0.002
			乙炔	74-86-2	0.05	5	0.01
15	窑街煤电集团有限公司三矿	102°52′16.08″ 36°25′24.91″	甲烷	74-82-8	0.005	10	0.000 5
			硝酸铵	6484-52-2	1.32	50	0.026
			乙炔	74-86-2	0.003	5	0.000 6
			硫酸	7664-93-9	0.2	10	0.02
合计							103.5
备注：油类物质指矿物油类，如石油、汽油、柴油等，生物柴油等；盐酸代指盐酸（浓度37%或更高），氨水代指氨水（浓度20%或更高）。							

表8-4 生产工艺评价指标体系

评估指标	评估依据	分值(分)
截流措施	1)各个环境风险单元设防渗漏、防腐蚀、防淋溶、防流失措施,设防初期雨水、泄漏物、受污染的消防水(溢)流入雨水和清净下水系统的导流围挡收集措施(如防火堤、围堰等),且相关措施符合设计规范; 2)装置围堰与罐区防火堤(围堰)外设排水切换阀,正常情况下通向雨水系统的阀门关闭,通向事故存液池、应急事故水池、清净下水排放缓冲池或污水处理系统的阀门打开; 3)前述措施日常管理和维护良好,有专人负责阀门切换,保证初期雨水、泄漏物和受污染的消防水排入污水系统。	0
	有任意一个环境风险单元的截流措施不符合上述任意一条要求的。	8
事故排水收集措施	1)按相关设计规范设置事故应急水池、事故存液池或清净下水排放缓冲池等事故排水收集设施,并根据下游环境风险受体敏感程度和易发生的极端天气情况,设置事故排水收集设施的容量;且事故存液池、应急事故水池、清净下水排放缓冲池等事故排水收集设施位置合理,能自流式或确保事故状态下顺利收集泄漏物和消防水,日常保持足够的事故排水缓冲容量; 2)设抽水设施,并与污水管线连接,能将所收集物送至厂区内污水处理设施处理。	0
	有任意一个环境风险单元的事故排水收集措施不符合上述任意一条要求的。	8
清净下水系统防控措施	不涉及清净下水,或厂区内清净下水均进入废水处理系统,或清污分流,且清净下水系统具有下述措施: ①具有收集受污染的清净下水、初期雨水和消防水功能的清净下水排放缓冲池(或雨水收集池),池内日常保持足够的事故排水缓冲容量;池内设有提升设施,能将收集物送至厂区内污水处理设施处理; ②具有清净下水系统(或排入雨水系统)的总排口监视及关闭设施,有专人负责在紧急情况下关闭清净下水总排口,防止受污染的雨水、清净下水、消防水和泄漏物进入外环境。	0
	涉及清净下水,有任意一个环境风险单元的清净下水系统防控措施但不符合上述要求的。	8
雨水排水系统防控措施	厂区内雨水均进入废水处理系统;或雨污分流,且雨排水系统具有下述措施: ①具有收集初期雨水的收集池或雨水监控池;池出水管上设置切断阀,正常情况下阀门关闭,防止受污染的水外排;池内设有提升设施,能将所集物送至厂区内污水处理设施处理; ②具有雨水系统外排总排口(含泄洪渠)监视及关闭设施,有专人负责在紧急情况下关闭雨水排口(含与清净下水共用一套排水系统情况),防止雨水、消防水和泄漏物进入外环境; ③如果有排洪沟,排洪沟不通过生产区和罐区,具有防止泄漏物和受污染的消防水流入区域排洪沟的措施。	0
	不符合上述要求的。	8

续表8-4

评估指标	评估依据	分值(分)
生产废水处理系统防控措施	1)无生产废水产生或外排; 2)有废水产生或外排时: ①受污染的循环冷却水、雨水、消防水等排入生产污水系统或独立处理系统; ②生产废水排放前设监控池,能够将不合格废水送废水处理设施重新处理; ③如企业受污染的清净下水或雨水进入废水处理系统处理,则废水处理系统应设置事故水缓冲设施; ④具有生产废水总排口监视及关闭设施,有专人负责启闭,确保泄漏物、受污染的消防水、不合格废水不排出厂外。	0
	涉及废水产生或外排,但不符合上述2)中任意一条要求的。	8
毒性气体泄漏紧急处置装置	1)不涉及有毒有害气体的; 2)根据实际情况,具有针对有毒有害气体(如硫化氢、氰化氢、氯化氢、光气、氯气、氨气、苯等)的泄漏紧急处置措施。	0
	不具备有毒有害气体泄漏紧急处置装置的。	8
毒性气体泄漏监控预警措施	1)不涉及有毒有害气体的; 2)根据实际情况,具有针对有毒有害气体(如硫化氢、氰化氢、氯化氢、光气、氯气、氨气、苯等)设置生产区域或厂界泄漏监控预警措施。	0
	不具备生产区域或厂界有毒有害气体泄漏监控预警措施的。	4
环评及批复的其他风险防控措施落实情况	按环评及批复文件的要求落实的其他建设环境风险防控设施的。	0
	未落实环评及批复文件中其他环境风险防控设施要求的。	10

表8-5　湟水流域生产工艺过程分级及赋分标准

指标内容	分级标准及赋分				
	低(一级) $N \geqslant 80$	较低(二级) $60 \leqslant N < 80$	中等(三级) $40 \leqslant N < 60$	较差(四级) $20 \leqslant N < 40$	差(五级) $N < 20$
生产工艺过程	0～5	5～10	10～20	20～30	30～40

评估首先对所有涉及企业的风险单元进行现场调查，并根据表8-4的评估指标，用专家评分法对每个风险单元逐项进行打分，具体打分结果汇总见表8-6所示。

本评估结合湟水流域涉及危险化学物质的15家企业中，兰州宏伟食品有限责任公司、甘肃阿敏生物清真明胶有限公司、兰州禹虹防水防腐保温工程有限公司、兰州伊利乳业有限责任公司、甘肃窑街煤电祁连山水泥有限责任公司、窑街煤电集团甘肃兴元铁合金有限责任公司、窑街煤电集团甘肃金凯机械制造有限责任公司红古分公司、中国铝业股份有限公司兰州分公司、窑街劣质煤热电厂等9家企业不涉及有毒有害气体，截流措施、事故排水收集措施、清净下水系统防控措施、生产废水处理系统防控措施基本满足《企业突发环境事件风险评估指南》中的相关要求，因此各项评估分值均为0分。

兰州新蓝天新材料有限责任公司、甘肃窑街油页岩综合利用有限责任公司、窑街煤电集团有限公司金河煤矿、甘肃四方乙炔气体有限公司、窑街煤电集团有限公司三矿等5家企业具备有毒有害气体厂界泄漏预警系统、毒性气体泄漏紧急处置装置，截流措施、事故排水收集措施、清净下水系统防控措施、生产废水处理系统防控措施基本满足《企业突发环境事件风险评估指南》中的相关要求，因此各项评估分值均为0分。

窑街煤电集团有限公司海石湾煤矿不具备有毒有害气体厂界泄露预警系统，没有毒性气体泄漏紧急处置装置，只有正常通风系统，截流措施、事故排水收集措施、清净下水系统防控措施、生产废水处理系统防控措施等，还需继续完善，以满足《企业突发环境事件风险评估指南》中的相关要求。

综上可知，湟水流域突发风险指标中生产工艺过程分值为12分，等级为三级。

表8-6　湟水流域生产工艺过程评分表

企业名称	截流措施分值（分）	事故排水收集措施分值（分）	清净下水系统防控措施分值（分）	雨水排水系统防控措施分值（分）	生产废水处理系统防控措施分值（分）	毒性气体泄漏紧急处置装置分值（分）	毒性气体泄漏监控预警措施分值（分）	环评及批复的其他风险防控措施落实情况分值（分）	总分（分）
窑街煤电集团有限公司海石湾煤矿	0	0	0	0	0	8	4		12
兰州新蓝天新材料有限责任公司	0	0	0	0	0	0	0	0	0
兰州宏伟食品有限责任公司	0	0	0	0	0	0	0	0	0
甘肃阿敏生物清真明胶有限公司	0	0	0	0	0	0	0	0	0
兰州禹虹防水防腐保温工程有限公司	0	0	0	0	0	0	0	0	0
兰州伊利乳业有限责任公司	0	0	0	0	0	0	0	0	0
甘肃窑街油页岩综合利用有限责任公司	0	0	0	0	0	0	0	0	0
窑街煤电集团有限公司金河煤矿	0	0	0	0	0	0	0	0	0

续表8-6

企业名称	截流措施分值（分）	事故排水收集措施分值（分）	清净下水系统防控措施分值（分）	雨水排水系统防控措施分值（分）	生产废水处理系统防控措施分值（分）	毒性气体泄漏紧急处置装置分值（分）	毒性气体泄漏监控预警措施分值（分）	环评及批复的其他风险防控措施落实情况分值（分）	总分（分）
甘肃窑街煤电祁连山水泥有限责任公司	0	0	0	0	0	0	0	0	0
窑街煤电集团甘肃兴元铁合金有限责任公司	0	0	0	0	0	0	0	0	0
窑街煤电集团甘肃金凯机械制造有限责任公司红古分公司	0	0	0	0	0	0	0	0	0
中国铝业股份有限公司兰州分公司	0	0	0	0	0	0	0	0	0
甘肃四方乙炔气体有限公司	0	0	0	0	0	0	0	0	0
窑街劣质煤热电厂	0	0	0	0	0	0	0	0	0
窑街煤电集团有限公司三矿	0	0	0	0	0	0	0	0	0

8.2.1.3 暴露人口数量（D_{1-3}）

该指标的分级标准参考了《企业突发环境事件风险评估指南》及相应研究论文的规定。参照敏感环境保护目标调查表对企业周边5 km的居住区、医疗卫生、文化教育、科研、行政办公等机构人口总数进行调查。

湟水流域可能引发突发环境事件的企业人口数量分级标准见表8-7所示。

表8-7　湟水流域暴露人口数量分级及赋分标准

指标内容	分级标准及赋分				
	低（一级）$N \geq 80$	较低（二级）$60 \leq N < 80$	中等（三级）$40 \leq N < 60$	较差（四级）$20 \leq N < 40$	差（五级）$N < 20$
暴露人口数量（万人）	0～5	5～10	10～15	15～20	>20

本次评价主要通过现场调查和资料收集，对涉及企业周边5 km的暴露人口进行了统

计，具体调查情况见表8-8所示。

表8-8 湟水流域工业企业周边敏感目标调查情况表

企业名称	企业5 km范围内主要区域名称	人口数量（人）
窑街煤电集团甘肃兴元铁合金有限责任公司	窑街街道红山村、大沙村、上街村，矿区街道滩子社区、下街社区、山根社区、下窑社区，永登县河桥镇乐山村、七里村、四渠村	14 482
窑街煤电集团甘肃金凯机械制造有限责任公司红古分公司		
窑街劣质煤热电厂		
窑街煤电集团有限公司三矿		
窑街煤电集团有限公司金河煤矿		
甘肃窑街煤电祁连山水泥有限责任公司		
窑街煤电集团有限公司海石湾煤矿	海石湾镇虎头崖村、下海石村、上海石村，民和县川口镇东垣村、边墙村、团结村	22 909
甘肃窑街油页岩综合利用有限责任公司		
甘肃阿敏生物清真明胶有限公司	红古镇水车湾村、薛家村、米加台村、王家口村，民和县马场垣乡马聚恒村、磨弯子村、金星村	14 151
兰州禹虹防水防腐保温工程有限公司	花庄镇柳家村、北山村、何嘴村、洞子村、苏家寺村、花庄村	8 051
甘肃四方乙炔气体有限公司	花庄镇湟兴村、平安镇新安村、若莲村，永靖县西河镇红城村、周家村、沈王村、滩子村	8 072
兰州伊利乳业有限责任公司		
兰州新蓝天新材料有限责任公司		
兰州宏伟食品有限责任公司		
中国铝业股份有限公司兰州分公司	平安镇复兴村、夹滩村、仁和村、岗子村、永靖县盐锅峡镇瓦房村、福川村，西固区达川镇上车村	10 285
合计		77 950

调查发现风险源周边5 km范围内主要的暴露人口包括红古区窑街街道、矿区街道、海石湾镇、花庄镇、平安镇。暴露人口为77 950人左右。因此，湟水流域暴露人口数量等级为二级。

8.2.1.4　敏感环境目标（D_{1-4}）

该指标包括了企业下游10 km范围内的敏感环境保护区，保护区类别和内容见表8-9所示。

表8-9　敏感保护区评估

保护区类别	评估依据	分值(分)
一级保护区	涉及源头水、国家级自然保护区；24 h内污染物跨国界区域	10/每项
二级保护区	涉及饮用水水源(地表水或地下水)一级和二级保护区、准保护区；自来水厂取水口；水源涵养区；珍稀、濒危野生动植物天然集中分布区；鱼虾类产卵场、仔稚幼鱼的索饵场；鱼虾类越冬场、洄游通道；水产养殖区；重要湿地等特殊生态系统；风景名胜区、世界文化和自然遗产地、重要的浴场等	5/每项
其他保护区	涉及耕地、基本农田保护区；富营养化水域；基本草原；一般森林公园、地质公园、天然林；一般风景游览区	1/每项
不涉及以上敏感区		0

湟水流域可能引发突发环境事件的企业下游10 km范围内敏感环境保护目标分级标准见表8-10所示。

表8-10　湟水流域敏感环境保护目标分级及赋分标准

指标内容	分级标准及赋分				
	低(一级) $N \geq 80$	较低(二级) $60 \leq N < 80$	中等(三级) $40 \leq N < 60$	较差(四级) $20 \leq N < 40$	差(五级) $N < 20$
敏感环境保护目标(万人)	0～5	5～10	10～15	15～20	>20

湟水流域范围内没有源头水、国家级自然保护区，24 h内污染物跨国界区域；分布有红古区海石湾饮用水水源地、窑街饮用水水源地，其中窑街饮用水水源地在具有环境风险企业的上游，海石湾饮用水水源地在窑街煤电集团甘肃兴元铁合金有限责任公司、窑街煤电集团甘肃金凯机械制造有限责任公司红古分公司、窑街劣质煤热电厂、窑街煤电集团有限公司三矿、窑街煤电集团有限公司金河煤矿、甘肃窑街煤电祁连山水泥有限责任公司下游2.8～6.7 km。窑街煤电集团有限公司金河煤矿距离海石湾饮用水水源地一级保护区2.8 km，水源地取水口位于一级保护区。

具有突发环境风险的企业下游10 km范围内有耕地、基本农田保护区，没有富营养化水域、基本草原、一般森林公园、地质公园、天然林及一般风景游览区等。因此，根据表8-9敏感保护区评估表计算可知，敏感目标分值为11分；对照表8-10可知，湟水流域敏感环境保护目标等级为三级。

8.2.1.5 安全管理与风险防范（D_{1-5}）

该指标按照企业安全管理与风险防范调查表进行评估，每“是”一项得1分，“否”得0分，湟水流域安全管理与风险防范分级及赋分标准见表8-11所示。

表8-11 湟水流域安全管理与风险防范分级及赋分标准

指标内容	分级标准及赋分				
	低(一级) $N≥80$	较低(二级) $60≤N<80$	中等(三级) $40≤N<60$	较差(四级) $20≤N<40$	差(五级) $N<20$
安全管理与风险防范(分)	75～80	70～75	65～70	60～65	55～60

根据现场调查和资料收集，涉及该项的15个企业安全管理与风险防范措施具体情况见表8-12所示，结合专家打分校核最终确定安全管理与风险防范分值为69分，等级为三级。

表8-12 企业安全管理与风险防范调查表

序号	单位详细名称	是否依法获取污水排入排水管网许可	厂内危险废物环境管理	是否编制突发环境事件应急预案	是否进行突发环境事件应急预案备案	突发环境事件应急预案备案编号	企业环境风险等级	是否设立专职安全管理员
1	窑街煤电集团有限公司海石湾煤矿	是	不具备完善的危险废物管理措施	否	否	无	无	否
2	兰州新蓝天新材料有限责任公司	是	不涉及危险废物	否	否	无	无	否
3	兰州宏伟食品有限责任公司	否	不涉及危险废物	否	否	无	无	否
4	甘肃阿敏生物清真明胶有限公司	是	不涉及危险废物	是	是	201506	一般环境风险	是
5	兰州禹虹防水防腐保温工程有限公司	是	不涉及危险废物	是	是	620111-2017-008-L	一般环境风险	否

续表8-12

序号	单位详细名称	是否依法获取污水排入排水管网许可	厂内危险废物环境管理	是否编制突发环境事件应急预案	是否进行突发环境事件应急预案备案	突发环境事件应急预案备案编号	企业环境风险等级	是否设立专职安全管理员
6	兰州伊利乳业有限责任公司	是	不涉及危险废物	是	是	201504	一般环境风险	是
7	窑街油页岩综合利用有限责任公司	否	不涉及危险废物	是	是	620111-2018-003-L	一般环境风险	是
8	窑街煤电集团有限公司金河煤矿	是	不具备完善危险废物管理措施	是	是	620111-2018-009-L	一般环境风险	是
9	甘肃窑街煤电祁连山水泥有限责任公司	否	不涉及危险废物	是	是	620111-2018-012-L	一般风险	是
10	窑街煤电集团甘肃兴元铁合金有限责任公司	是	不涉及危险废物	是	是	620111-2016-003-L	一般环境风险	是
11	窑街煤电集团甘肃金凯机械制造有限责任公司红古分公司	否	不涉及危险废物	是	是	620111-2018-010-L	一般环境风险	是
12	中国铝业股份有限公司兰州分公司	否	不涉及危险废物	是	是	201505	一般环境风险	是
13	甘肃四方乙炔气体有限公司	是	不涉及危险废物	是	是	620111-2018-004-L	一般环境风险	是
14	窑街劣质煤热电厂	是	不涉及危险废物	是	是	201504	一般环境风险	是
15	窑街煤电集团有限公司三矿	是	不涉及危险废物	是	是	620111-2018-023-L	一般环境风险	是

8.2.1.6 陆运和航运运输风险（$D_{1\text{-}6}$）

该指标参考《集中式饮用水水源环境保护指南》，根据流动风险源评价指标及评分值（表8-13）对流动风险源进行评价。总分值R作为最终指标分类依据，$R=f_1+f_2+f_3$。

表8-13 流动风险源评价指标及评分值

风险源	一级保护区		二级保护区		其他保护区	
	指标	评分值（f_1）	指标	评分值（f_2）	指标	评分值（f_3）
陆运	无	0	无	0	无	0
	$L<2r$	9	有路可行走	1	$L<2r$	1
	有危险品运输或$L>2r$	10	有路但不通行机动车	2	有危险品运输且$r<L<2r$	2
			有机动车通行	3	有危险品运输且$L>2r$	3
			有运输路线且长度较短	4		
			$L<r$	5		
			$r<L<2r$或有小型桥梁	6		
			$L>2r$	7		
			有危险品运输或单车道跨线桥	8		
			有危险品运输且$r<L<2r$	9		
			有危险品运输且$L>2r$	10		
船舶	无	0	无	0	无	0
	存在	10	航线$L<r$	6	航线$L<r$	1
			航线$r<L<2r$	8	航线$r<L<2r$	2
			航线$L>2r$	10	航线$L>2r$	3

注：对于陆运，L为保护区内公路或铁路的路线长度之和；对于船舶，L为保护区内及保护区上游的航线长度之和；r为保护区的当量半径，根据保护区的面积做等效圆换算（单位：km）

湟水流域陆运和航运运输风险分级标准见表8–14。

表8–14　湟水陆运和航运运输风险分级及赋分标准

指标内容	分级标准及赋分				
	低(一级) $N \geq 80$	较低(二级) $60 \leq N < 80$	中等(三级) $40 \leq N < 60$	较差(四级) $20 \leq N < 40$	差(五级) $N < 20$
陆运和航运运输风险	0～3	3～7	7～9	9～15	>15

根据实地调查可知，该地区不涉及航运；海石湾饮用水水源地保护区内虽然没有公路和铁路穿越，但是二级保护区边界有3.68 km紧临省道301公路，流动风险较大，本次评价按照二级保护区内公路长度有危险品运输评价，湟水流域敏感环境保护目标分级赋分为7分，等级为三级。

8.2.2　累积风险分指标（D_2）

该分项指标包括有毒有害有机类和重金属类两个具体指标。

8.2.2.1　有毒有害有机物类（$D_{2\text{-}1}$）

该指标计算公式如下：

$$Q_0 = \frac{C_{01}}{S_{01}} + \frac{C_{02}}{S_{02}} + \cdots + \frac{C_{0n}}{S_{0n}} \tag{8-2}$$

式中，C_{01}，C_{02}，…，C_{0n}为有机物在水体中的浓度；S_{01}，S_{02}，…，S_{0n}为有机物在水体中的最大允许浓度；Q_0为有机物的综合风险指数。

湟水流域有毒有害有机物类分级标准见表8–15。

表8–15　有毒有害有机物类分级及赋分标准

指标内容	分级标准及赋分				
	低(一级) $N \geq 80$	较低(二级) $60 \leq N < 80$	中等(三级) $40 \leq N < 60$	较差(四级) $20 \leq N < 40$	差(五级) $N < 20$
有毒有害有机物类	0～0.3	0.3～0.7	0.7～1	1～1.5	1.5～2

根据《甘肃省地表水功能区划（2012—2030）》可知，湟水流域包括黄河流域湟水水系湟水青甘缓冲区（民和水文站—入黄口段）和大通河甘青缓冲区（大砂村—入湟水口段），水质目标分别为Ⅲ类和Ⅳ类。本评估设置的监测点位享堂桥断面属于大通河甘青缓冲区，水质目标为Ⅲ类，民和桥、川海大桥浮桥断面属于湟水青甘缓冲区，水质目标为Ⅳ类。水质评价采用《地表水环境质量标准》（GB 3838—2002）相应水质类别。

评价流域水体中有机物监测结果采用2018—2019年枯水期和丰水期在享堂桥、民和桥、川海大桥浮桥断面的检测结果。

由结果可知，所有监测断面的有毒有害有机物类指标均未检出，无法进行定量计算。对照表8-15得出，有毒有害有机类指标为0，等级为一级。

8.2.2.2 重金属类（D_{2-2}）

该指标计算公式如下：

$$Q_{M}=\frac{C_{M1}}{S_{M1}}+\frac{C_{M2}}{C_{M2}}+\cdots+\frac{C_{Mn}}{S_{Mn}} \tag{8-3}$$

式中，C_{M1}，C_{M2}，…，C_{Mn}为重金属在水体中的浓度；S_{M1}，S_{M2}，…，S_{Mn}为重金属在水体中的最大允许浓度；Q_{M}为重金属的综合风险指数。

湟水流域重金属类分级标准见表8-16，享堂桥、民和桥、川海大桥浮桥3个断面监测结果见表8-17。

表8-16 重金属类分级及赋分标准

指标内容	分级标准及赋分				
	低(一级) $N \geqslant 80$	较低(二级) $60 \leqslant N<80$	中等(三级) $40 \leqslant N<60$	较差(四级) $20 \leqslant N<40$	差(五级) $N<20$
重金属类	0～0.3	0.3～0.7	0.7～1	1～1.5	1.5～2

表8-17 重金属类检测结果

序号	监测指标	享堂桥		最大允许浓度(mg/L)	民和桥		最大允许浓度(mg/L)	川海大桥浮桥		最大允许浓度(mg/L)
		丰水期(mg/L)	枯水期(mg/L)		丰水期(mg/L)	枯水期(mg/L)		丰水期(mg/L)	枯水期(mg/L)	
1	六价铬	0.004L	0.004L	0.05	0.004L	0.004L	0.05	0.004L	0.004L	0.05
2	砷	0.001	0.000 3L	0.05	0.001	0.007	0.1	0.001	0.000 3L	0.1
3	铅	0.000 09L	0.000 09L	0.05	0.000 09L	0.000 09L	0.05	0.000 09L	0.000 09L	0.05
4	镉	0.000 05L	0.000 05L	0.005	0.000 05L	0.000 05L	0.005	0.000 05L	0.000 05L	0.005
5	铜	0.002	0.003	1.0	0.001	0.006	1.0	0.000 373	0.002	1.0
6	锌	0.05L	0.05L	1.0	0.05L	0.05L	2.0	0.05L	0.05L	2.0
7	汞	0.000 04L	0.000 04L	0.000 1	0.000 04L	0.000 04L	0.001	0.000 04L	0.000 04L	0.001
8	硒	0.000 4	0.001	0.01	0.001	0.002	0.02	0.001	0.001	0.02
9	铁	0.03L	0.03L	0.3	0.03L	0.03L	0.3	0.03L	0.03L	0.3

续表8-17

序号	监测指标	享堂桥		最大允许浓度(mg/L)	民和桥		最大允许浓度(mg/L)	川海大桥浮桥		最大允许浓度(mg/L)
		丰水期(mg/L)	枯水期(mg/L)		丰水期(mg/L)	枯水期(mg/L)		丰水期(mg/L)	枯水期(mg/L)	
10	锰	0.01L	0.01L	0.1	0.01L	0.01L	0.1	0.01L	0.01L	0.1
11	钼	0.001	0.001	0.07	0.001	0.002	0.07	0.001	0.001	0.07
12	钴	0.000 105	3×10^{-5}L	1.0	0.000 18	4.7×10^{-4}L	1.0	0.000 13	3×10^{-5}L	1.0
13	铍	0.000 03L	2×10^{-5}L	0.002	0.000 02L	2×10^{-5}L	0.002	0.000 02L	2×10^{-5}L	0.002
14	硼	0.030	0.145	0.5	0.027	0.325	0.5	0.027	0.155	0.5
15	锑	0.000 18L	0.000 3L	0.005	0.000 24	0.000 2L	0.005	0.000 157	0.000 2L	0.005
16	镍	0.001	0.001	0.02	0.001	0.003	0.02	0.001	0.001	0.02
17	钡	0.169	0.076	0.7	0.138	0.066	0.7	0.160	0.075	0.7
18	钒	0.000 2	0.001	0.05	0.001	0.003	0.05	0.001	0.001	0.05
19	钛	0.001	0.007L	0.1	0.001	0.007L	0.1	0.000 46L	0.007L	0.1
20	铊	0.000 02L	2×10^{-5}L	0.000 1	0.000 17	2×10^{-5}L	0.000 1	0.000 02L	2×10^{-5}L	0.000 1
注:未检出时以检出限加L表示。										

可以看出，丰水期和枯水期检测出的重金属物质基本一致，主要为硼、镍、钡、硒、砷、铜（其中硼、砷、硒为类金属），针对同一种重金属物质，枯水期水质因子指数明显大于丰水期。

根据公式8-3及表8-17中的检测结果计算得出，重金属类综合风险指标在丰水期时为0.452，枯水期时为0.766，因此，湟水流域重金属类综合风险指标取水质较差的枯水期计算值为0.766，等级为三级。

8.3 指标评估与分析

8.3.1 突发风险评估

按照前述计算结果，确定评估范围内突发风险指标打分及评估结果。该分项指标包括化学品临界比值、生产工艺过程、暴露人口数量、敏感环境目标、安全管理与风险防范、陆运和航运运输风险6项评估指标。

8.3.1.1 化学品临界比值

经分析可知，评估范围内化学品临界比值为103.5分，评价等级为五级，因此，湟水流域工业企业危险化学品存储量对该流域造成了非常大的风险。根据公式（5–4），结合专家打分校核，确定评估河段化学品临界比值得分为2分。

8.3.1.2 生产工艺过程

经分析可知，评估范围内生产工艺过程分值为12分，评价等级为三级，因此，湟水流域工业企业生产工艺过程对该流域造成了一般风险。根据公式（5–4），结合专家打分校核，确定评估河段生产工艺过程得分为40分。

8.3.1.3 暴露人口数量

经分析可知，评估范围内暴露人口数量为7.8万人，评价等级为二级，因此，湟水流域工业企业周边5 km范围内暴露人口数量较大。根据公式（5–4），结合专家打分校核，确定评估河段暴露人口数量得分为36分。

8.3.1.4 敏感环境目标

经分析可知，评估范围内敏感环境目标分值为11分，评价等级为三级，因此，湟水流域环境保护对敏感环境目标较敏感。根据公式（5–4），结合专家打分校核，确定评估河段敏感环境目标得分为48.8分。

8.3.1.5 安全管理与风险防范

经分析可知，评估范围内安全管理与风险防范为69分，评价等级为三级，因此，湟水流域安全管理与风险防范居中。根据公式（5–3），结合专家打分校核，确定评估河段安全管理与风险防范得分为56分。

8.3.1.6 陆运和航运运输风险

经分析可知，评估范围内陆运和航运运输风险为7分，评价等级为三级，因此，湟水流域陆运和航运运输风险居中。根据公式（5–4），结合专家打分校核，确定评估河段陆运和航运运输风险得分为56分。

8.3.2 累积风险评估

8.3.2.1 有毒有害有机物类

经分析可知，评估范围内有毒有害有机物类累积风险为0，评价等级为一级，因此，湟水流域没有有毒有害有机物类累积风险。根据公式（5–4），结合专家打分校核，确定评估河段有毒有害有机物类累积风险得分为100分。

8.3.2.2 重金属类

经分析可知，评估范围内重金属类累积风险为0.766，评价等级为三级，因此，湟水流域重金属类累积风险居中。根据公式（5–4），结合专家打分校核，确定评估河段重金属类累积风险得分为60分。

综上，突发风险分指标和累积风险分指标分值情况见表8–18。

表8-18　江河生态风险评估指标分值

序号	分项指标	评估指标	评估指标得分(分)
1	突发风险	化学品临界比值	2
		生产工艺过程	40
		暴露人口数量	36
		敏感环境目标	48.8
		安全管理与风险防范	56
		陆运和航运运输风险	56
2	累积风险	有毒有害有机物类	100
		重金属类	60

8.4　生态风险综合评估

生态风险评价就是指生态系统在遭受到破坏或威胁后，我们对可能产生的不利影响的因素进行评价，主要是为环境管理者作出行政措施提供依据，并对生态环境的预测与产生生态恶化的原因进行阐释，使环境管理者作出修复生态系统的决定并提出有效措施。

8.4.1　评估指标分值计算

按照《江河生态安全评估技术指南》中（表8-19）确定的权重，利用公式（5-7），根据单个评估指标分值，使用加权求合法分别计算化学品临界比值、生产工艺过程、暴露人口数量、敏感环境目标、安全管理与风险防范、陆运和航运运输风险、有毒有害有机物类、重金属类等分项指标的分值，计算结果见表8-20。

表8-19　江河生态安全评估指标体系——生态风险

专项指标	分项指标	权重	评估指标	权重
生态风险	突发风险	0.5	化学品临界比值	0.16
			生产工艺过程	0.16
			暴露人口数量	0.16
			敏感环境目标	0.16
			安全管理与风险防范	0.16
			陆运和航运运输风险	0.20

续表8-19

专项指标	分项指标	权重	评估指标	权重
生态风险	累积风险	0.5	有毒有害有机物类	0.50
			重金属类	0.50

表8-20 评估区域生态风险分项指标评估结果汇总表

序号	分项指标	评估指标	评估指标得分	评估指标权重	分项指标加权得分(分)
1	突发风险	化学品临界比值	2	0.16	40.448
		生产工艺过程	40	0.16	
		暴露人口数量	36	0.16	
		敏感环境目标	48.8	0.16	
		安全管理与风险防范	56	0.16	
		陆运和航运运输风险	56	0.20	
2	累积风险	有毒有害有机物类	100	0.50	80
		重金属类	60	0.50	

8.4.2 分项指标分值计算

按照《江河生态安全评估技术指南》中确定的权重，对评估范围内生态风险各分项指标进行加权综合，即得到评估范围的生态风险综合得分，结果见表8-21。

表8-21 评估区域生态风险专项评估结果汇总表

专项指标	分项指标	分项指标权重	分项指标加权得分(分)	专项指标加权得分(分)
生态风险	突发风险	0.5	40.448	60.224
	累积风险	0.5	80	

流域生态风险评估分为五级：低风险、较低风险、中等风险、较高风险和高风险。具体见表8-22分级情况。

表8-22 生态风险综合指标分级

等级	表征状态	分值
一级	低风险	(80,100]
二级	较低风险	(60,80]
三级	中等风险	(40,60]
四级	较高风险	(20,40]
五级	高风险	[0,20]

经过对评估区域生态风险各评估指标进行分析、计算及汇总，确定评估范围内生态风险水平综合得分为60.224分，对照生态风险综合指标分级（表8-22）可以看出，生态风险综合等级处于较低风险。但是，经咨询各方专家，结合实际调查情况和第二次污染源普查结果，经多次讨论后，最终确定生态风险综合指标分级为三级，评估区域的生态风险为中等风险。

9 生态安全综合评估

9.1 评估方法

9.1.1 技术指南推荐方法

根据《江河生态安全评估技术指南》推荐的评估方法，流域生态安全的综合评估采用对生态环境压力评估（流域人类活动情况）、生态系统健康评估、生态服务功能评估和生态风险评估4个专项指标的分值进行求和平均，最终得出流域生态安全指数（X_{ESI}），以评估当前流域的生态安全状况。即：

$$X_{ESI}=\frac{1}{n}\sum_{i=1}^{n}B_i \tag{9-1}$$

式中，X_{ESI}为生态安全指数；B_i为第i个专项指标的值。

以生态安全指数（X_{ESI}）作为河流现状与标准状态的纵向对比结果，反映各河流相对标准状态的偏离程度。以X_{ESI}=100为无偏离状态，X_{ESI}越小，江河就越不安全。评估标准见表9-1。

表9-1 河流生态安全评估标准

等级	代表颜色	分值
安全	蓝色●	(80,100]
较安全	绿色●	(60,80]
一般	黄色●	(40,60]
不安全	红色●	(20,40]
很不安全	黑色●	[0,20]

9.1.2 评估方法优化

湟水地处甘青两省交界区，本次调查评估的甘肃省湟水流域处于该流域下游，河流一直向东南汇入黄河干流。根据前述4个专项指标的评估，湟水流域的生态环境压力状况（流域人类活动情况）、生态系统健康状况、生态服务功能状况和生态风险状况的评估结果对流域整体生态安全来说，不具有同等重要性，且4个专项指标涉及的具体评估内容也各有侧重。

因此，根据本次流域环境的特异性和上述4个方面的差异性，应该对生态环境压力状况（流域人类活动情况）、生态系统健康状况、生态服务功能状况和生态风险状况分别取权重进行求和，最终得出流域生态安全指数（X_{ESI}），用以反映该流域当前的生态安全状况。即：

$$X_{ESI}=\sum_{1}^{n}\left(x_i \times B_i\right) \tag{9-2}$$

式中，X_{ESI}为生态安全指数；x_i为专项指标的权重，Bi为第i个专项指标的值。

9.1.3 基于层次分析法的权重确定

层次分析法（analytic hierarchy process，AHP）是将与决策总是有关的元素分解成目标、方案、指标等层次，在此基础之上进行定性和定量分析的决策方法。该方法具有系统、灵活、简洁的优点。

AHP法的特点是把复杂问题中的各种因素通过划分为相互联系的有序层次，使之条理化，根据对一定客观现实的主观判断结构（主要是通过两两比较）把专家意见和分析者的客观判断结果直接而有效地结合起来，将同一层次元素两两比较的重要性进行定量描述。然后，利用数学方法计算反映每个元素的相对权重并进行排序。

9.1.3.1 层次分析法建模步骤

运用层次分析法建模来解决实际问题，可按如下5个步骤：

步骤1　定义问题，确定目标。

步骤2　建立层次结构模型。从最高层（目标层），通过中间层（准则层）到最低层（方案层）构成一个层次结构模型。

步骤3　构造比较判断矩阵。两两比较打分，确定下层对上层的分数。

准则层中的各准则在目标衡量中所占的比重并不一定相同，在打分者的心目中，它们各占有一定的比例。引用数字1～9及其倒数作为标度来定义判断矩阵$A=(a_{ij})$，即：

$$A=\begin{bmatrix} a_{11} & a_{12} & \cdots & a_{1n} \\ a_{21} & a_{22} & \cdots & a_{2n} \\ \cdots & \cdots & \cdots & \cdots \\ a_{n1} & a_{n2} & \cdots & a_{nn} \end{bmatrix} \tag{9-3}$$

步骤4　层次合成计算。利用“和法”或“根法”对判断矩阵进行归一化计算得出权重。以“和法”为例：

1）将判断矩阵的列向量归一化，即：

$$\widetilde{A}_{ij} = \left(\frac{a_{ij}}{\sum_{i=1}^{ail} a_{ij}} \right) \tag{9-4}$$

2）再将A_{ij}按行求和，即：

$$\tilde{W} = \left(\sum_{j=1}^{n} \frac{a_{1j}}{\sum_{i=1}^{n} a_{ij}}, \sum_{j=1}^{n} \frac{a_{2j}}{\sum_{i=1}^{n} a_{ij}}, \ldots, \sum_{j=1}^{n} \frac{a_{nj}}{\sum_{i=1}^{n} a_{ij}} \right) T \tag{9-5}$$

将W归一化后得，$W=(\omega_1, \omega_1, \ldots, \omega_n)^T$，即为所求的权重向量。

步骤5　一致性检验。

1）计算一致性指标X_{CI}

$$X_{CI} = \frac{\lambda_{max} - n}{n - 1} \tag{9-6}$$

其中，λ_{max}为判断矩阵的最大特征值。

查找平均随机一致性指标X_{RI}，见表9-2。

表9-2　平均随机一致性指标

n	1	2	3	4	5	6	7	8	9
X_{RI}	0	0	0.58	0.94	1.12	1.24	1.32	1.41	1.45

2）计算一致性比例X_{CR}

$$X_{CR} = \frac{X_{CI}}{X_{RI}} \tag{9-7}$$

当$X_{CR}<0.10$时，认为比较判断矩阵的一致性可以接受，通过了一致性检验，否则应对判断矩阵进行适当修正。

9.1.3.2　本项目综合评估专项指标的权重计算

利用上述AHP法对生态环境压力评估（流域人类活动情况）、生态系统健康评估、生态服务功能评估和生态风险评估4个专项指标分别计算权重。本次特邀请5位专家结合湟水流域生态环境特征，并根据日常工作经验赋予评估指标特定的分值，并分别计算各专项指标权重。判断矩阵分级打分体系依据指标的相互重要程度，共设计了4个等级，即4个标度，见表9-3。

表9-3 判断矩阵等级标准

打分等级	含义
1	表示两个因素相比，具有相同重要性
3	表示两个因素相比，前者比后者稍重要
5	表示两个因素相比，前者比后者明显重要
7	表示两个因素相比，前者比后者强烈重要
倒数	若因素i与因素j的重要性之比为a_{ij}，那么因素j与因素i重要性之比就为$1/a_{ij}$

根据上述判断矩阵等级标准，专家对生态环境压力（流域人类活动情况）、生态系统健康、生态服务功能和生态风险4个指标的重要程度进行两两比较打分，经构造判断矩阵并利用AHP法计算后，得出4个专项指标的权重，见表9-4。

根据计算可知，4个专项指标权重排序为生态系统健康（0.38）＞人类活动情况（0.36）＞生态服务功能（0.17）＞生态风险（0.09）。可以看出，专家普遍认为人类活动情况和生态系统健康是影响湟水流域生态安全的主要因素。

表9-4 专项指标权重计算结果

专项指标	专家1	专家2	专家3	专家4	专家5	平均权重
人类活动情况	0.557 9	0.555	0.096 8	0.162	0.422 6	0.36
生态系统健康	0.263 3	0.251 6	0.554 9	0.601 3	0.253 6	0.38
生态服务功能	0.121 9	0.096 7	0.251 6	0.161 9	0.203 6	0.17
生态风险	0.056 9	0.096 7	0.096 7	0.074 8	0.120 2	0.09

9.2 综合评估结果

根据9.1.2中优化后的流域生态安全指数计算方法，以及9.1.3中计算出的4个专项指标权重，计算湟水流域当前的综合生态安全指数。即：

$$X_{ESI}=评估值_{人类活动情况}\times0.36+评估值_{生态系统健康}\times0.38+评估值_{生态服务功能}\times0.17+评估值_{生态风险}\times0.09 \tag{9-8}$$

根据第5章、第6章、第7章和第8章的评估结论，利用上述公式计算可知，甘肃省湟水流域的综合生态安全指数得分为50.2。对照表9-1的评估标准可知，湟水流域的综合生态安全等级属于“一般”。具体结果见表9-5。

表9-5 甘肃省湟水流域综合生态安全评估结果汇总表

指标	人类活动情况	生态系统健康	生态服务功能	生态风险	整体生态安全	安全等级
指标权重(χ_i)	0.36	0.38	0.17	0.09	50.2	一般
评估得分(B_i)	50.4	50.7	43.5	60.2		
$\chi_i \times B_i$	18.14	19.27	7.40	5.42		

根据表9-5的结果，对照生态安全评估标准可知，甘肃省湟水流域的生态安全等级属于“一般”水平，处于生态安全中等程度，其结果采用颜色记分卡的形式表示，见图9-1。

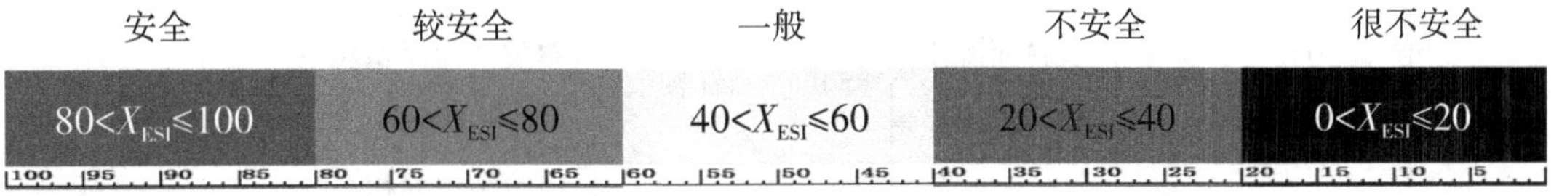

图9-1 甘肃省湟水流域生态安全等级示意图

9.3 生态安全评估结果分析

9.3.1 各评估指标等级比较

根据第5章、第6章、第7章和第8章中，对生态环境压力（流域人类活动情况）、生态系统健康、生态服务功能和生态风险4方面指标的逐一计算，并对评估体系中的所有指标的评估结果进行汇总，比较各层次指标之间的生态安全差异性。评价结果汇总见表9-6。

表9-6 甘肃省湟水流域生态安全评估指标等级汇总表

专项指标	评估值	评价等级（表征状态）	分项指标	评估值	评价等级（表征状态）	评估指标	评估值	评价等级（表征状态）
生态环境压力（人类活动情况）	50.4	三级（一般）	人口压力(A_1)	30.7	四级（较重）	人口密度($A_{1\text{-}1}$)	30.7	四级（较重）
			土地利用压力(A_2)	48.6	三级（一般）	不透水面积比($A_{2\text{-}1}$)	46.2	三级（一般）
						耕地面积比($A_{2\text{-}2}$)	66.2	二级（较轻）
						土壤侵蚀指数($A_{2\text{-}3}$)	18.4	五级（严重）

续表 9-6

专项指标	评估值	评价等级（表征状态）	分项指标	评估值	评价等级（表征状态）	评估指标	评估值	评价等级（表征状态）
			水资源利用压力（A_3）	93.1	一级（轻微）	水资源开发利用率（A_{3-1}）	93.1	一级（轻微）
			城镇污染排放压力（A_4）	0	五级（严重）	单位土地面积*COD*排放量（A_{4-1}）	0	五级（严重）
						单位土地面积氨氮排放量（A_{4-2}）	0	五级（严重）
			农村面源排放压力（A_5）	85.0	一级（轻微）	单位耕地面积化肥施用量（A_{5-1}）	87.6	一级（轻微）
						单位耕地面积农药使用量（A_{5-2}）	75.9	二级（较轻）
						单位土地面积畜禽养殖量（A_{5-3}）	89.8	一级（轻微）
			流域外部压力（A_6）	20.3	四级（较重）	引调水工程影响度（A_{6-1}）	30.0	四级（较重）
						生态受大坝影响度（A_{6-2}）	10.6	五级（严重）
生态系统健康状态	50.7	三级（一般）	水质综合状况（B_1）	52.0	三级（一般）	水质综合得分（B_{1-1}）	52.0	三级（一般）
			物理栖息地综合状况（B_2）	60.5	二级（较完整）	年生态基流满足率（B_{2-1}）	90.0	一级（很好）
						连通性（B_{2-2}）	4.3	五级（差）
						自然岸线比例（B_{2-3}）	84.0	一级（很好）
						河岸带植被覆盖度（B_{2-4}）	83.8	一级（很好）
						湿地面积占总面积比例（B_{2-5}）	0.5	五级（差）
			水生生物综合状况（B_3）	39.3	四级（较差）	藻类完整性（B_{3-1}）	39.5	四级（较差）
						大型底栖动物完整性（B_{3-2}）	33.0	四级（较差）

续表 9-6

专项指标	评估值	评价等级（表征状态）	分项指标	评估值	评价等级（表征状态）	评估指标	评估值	评价等级（表征状态）
						鱼类完整性（B_{3-3}）	45.4	三级（一般）
生态服务功能	43.5	三级（中等）	饮用水服务功能（C_1）	95.0	一级（极高）	集中式饮用水源地水质达标率（C_{1-1}）	95.0	一级（极高）
			水源涵养功能（C_2）	21.3	四级（较低）	水源涵养指数（C_{2-1}）	21.3	四级（较低）
			水环境净化功能（C_3）	82.5	一级（极高）	径污比（C_{3-1}）	82.5	一级（极高）
			生物多样性功能（C_4）	27.5	四级（较低）	珍稀物种生境代表性（C_{4-1}）	13.0	五级（低）
						外来物种入侵（C_{4-2}）	42.0	三级（中等）
			水产品供给功能（C_5）	3.0	五级（低）	单位水域面积捕捞量（C_{5-1}）	3.0	五级（低）
			保护区功能（C_6）	20.0	五级（低）	自然保护区级别（C_{6-1}）	20.0	五级（低）
生态风险	60.2	三级（中等）	突发风险（D_1）	40.5	三级（中等）	化学品临界比值（D_{1-1}）	2	五级（高）
						生产工艺过程（D_{1-2}）	40	四级（较高）
						暴露人口数量（D_{1-3}）	36	四级（较高）
						敏感环境目标（D_{1-4}）	48.8	三级（中等）
						安全管理与风险防范（D_{1-5}）	56	三级（中等）
						陆运和航运运输风险（D_{1-6}）	56	三级（中等）
			累积风险（D_2）	80	二级（较低）	有毒有害有机物类（D_{2-1}）	100	一级（低）
						重金属类（D_{2-2}）	60	三级（中等）

为比较湟水流域在生态环境压力（流域人类活动情况）、生态系统健康、生态服务功能和生态风险4个方面存在的优势和压力，分别统计分析4个评估指标中的“高等级”指标和“低等级”指标。汇总结果见表9–7和表9–8。比较分析可知：

（1）湟水流域生态安全评估涉及的36个评估指标中：9个等级为“一级”，17个等级为“四、五级”，低等级指标占总评估指标的47.2%。

（2）17个分项指标中：4个等级为“一级”，8个等级为“四、五级”，低等级指标占总分项指标的47.1%。

（3）4个专项指标中：无高等级指标和低等级指标，四个指标均为“三级”水平。

表9–7　高等级评估指标汇总表

专项指标类型	分项指标				评估指标			
	指标数（个）	高等级个数（个）	高等级数占比（%）	高等级指标	指标数（个）	高等级个数（个）	高等级数占比（%）	高等级指标
A	6	2	33.3	水资源利用压力、农村面源排放压力	12	3	25	水资源开发利用率、单位面积化肥施用量、单位面积畜禽养殖量
B	3	–	–	–	9	3	30	年生态基流满足率、自然岸线比例、河岸带植被覆盖度
C	6	2	33.3	饮用水服务功能、水环境净化功能	7	2	28.6	饮用水源地水质达标率、径污比
D	2	–	–	–	8	1	12.5	有毒有害有机物类
合计	17	4	23.5	–	36	9	25	–

注：“高等级指标”是指评价级别为一级的指标。

表9-8 低等级评估指标汇总表

专项指标类型	分项指标				评估指标			
	指标数（个）	低等级个数（个）	低等级数占比（%）	低等级指标	指标数（个）	低等级个数（个）	低等级数占比（%）	低等级指标
A	6	3	50.0	人口压力、城镇污染排放压力、流域外部压力	12	6	50.0	人口密度、土壤侵蚀指数、单位面积COD、氨氮排放量、引调水工程影响度、生态受大坝影响度
B	3	1	33.3	水生生物综合状况	9	4	44.4	连通性、湿地面积占总面积比例、藻类完整性、大型底栖动物完整性
C	6	4	66.7	生物多样性功能、水产品供给功能、保护区功能	7	4	57.1	珍稀物种生境代表性、单位水域面积捕捞量、自然保护区级别
D	2	0	0	-	8	3	37.5	化学品临界比值、生产工艺过程、暴露人口数量
合计	17	8	47.1	-	36	17	47.2	-

注："低等级指标"是指评价级别为四级、五级的指标。

9.3.2 生态环境压力评估结果分析

本次人类活动情况评估共涉及6个分项指标和12个具体评估指标。根据表9-6、表9-7和表9-8进行比较分析：

9.3.2.1 指标等级分析

12个具体评估指标中，等级为"一级"的指标有3个，"二级"的指标有2个，"三级"的指标有1个，"四级"的指标有2个，"五级"的指标有4个。由此计算出的6个分项指标中，等级为"一级"的指标有2个，"二级"的指标有0个，"三级"的指标有1个，"四级"的指标有2个，"五级"的指标有1个。分项指标评价等级见图9-2。

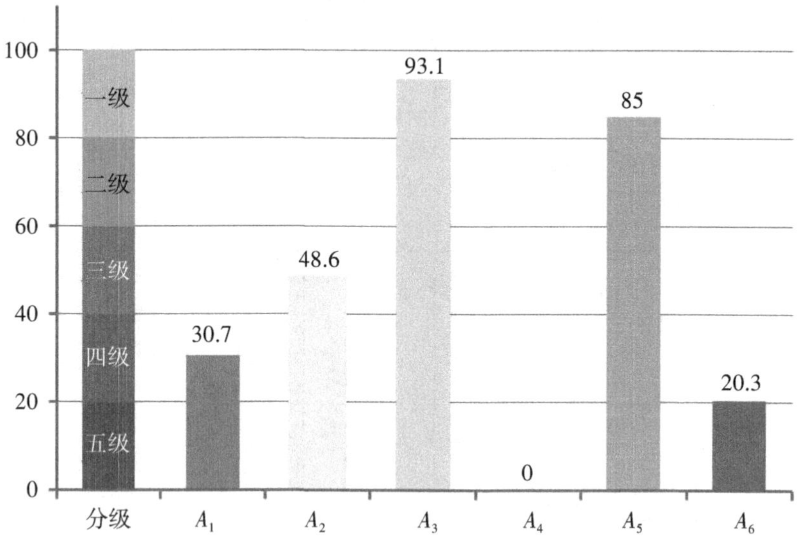

图9-2 人类活动情况分项指标评价等级

9.3.2.2 压力来源分析

6个分项指标的评估得分与指标权重之积代表了对流域内人类活动情况的影响大小，为快捷、直观地反映评估流域在人类活动情况方面的状况，建立以分项指标为6坐标的雷达图。分项指标评估值与权重之积越小，离雷达中心越近，表明人类活动对流域生态环境压力越大，由此判断人类活动对流域生态环境的压力来源。具体见图9-3。

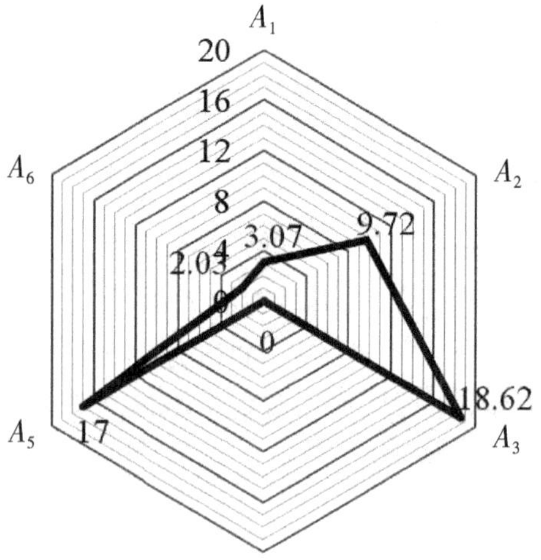

图9-3 生态环境压力来源分析

据雷达图可知，水资源利用压力（A_3）和农村面源排放压力（A_5）2个指标偏离雷达中心较远，表明其对流域压力较小；人口压力（A_1）、城镇污染排放压力（A_4）和流域外部压力（A_6）3个指标距雷达中心较近，表明其对流域压力较大。压力来源主要表现在人口密度、土壤侵蚀指数、单位面积COD、氨氮排放量、引调水工程影响度、生态受大坝影响度6个方面。

9.3.2.3 压力大小程度分析

人类活动状况的6个方面的压力对流域生态环境来说影响各有不同。用专项指标评估值与权重之积的倒数，表明人类活动对流域生态环境的压力程度。具体见图9-4（其中A_4为0，故图中未显示）。

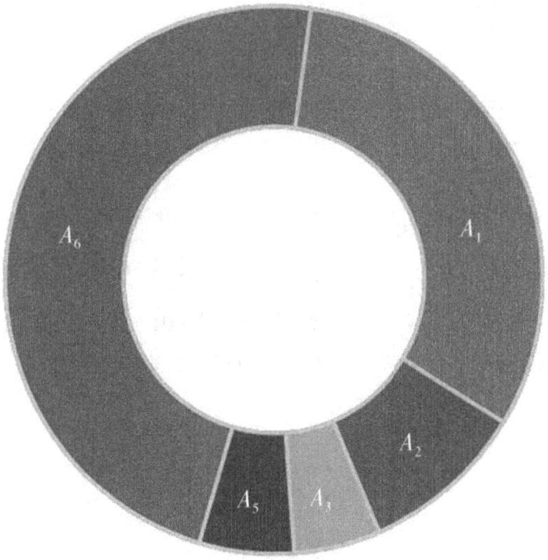

图9-4 生态环境压力程度比较

从人类活动状况的6个方面对流域生态环境压力大小程度进行比较：城镇污染排放压力（A_4，严重）>流域外部压力（A_6，较重）>人口压力（A_1，较重）>土地利用压力（A_2，一般）>农村面源排放压力（A_5，轻微）>水资源利用压力（A_3，轻微）。

9.3.3 生态系统健康状态评估结果分析

生态系统健康状态评估共涉及3个分项指标和9个具体评估指标。

9.3.3.1 指标等级分析

9个具体评估指标中，等级为“一级”的指标有3个，“二级”的指标有0个，“三级”的指标有2个，“四级”的指标有2个，“五级”的指标有2个。由此计算出的3个分项指标中，等级为“三级”的指标有1个，“四级”的指标有1个，“五级”的指标有1个。分项指标评价等级见图9-5。

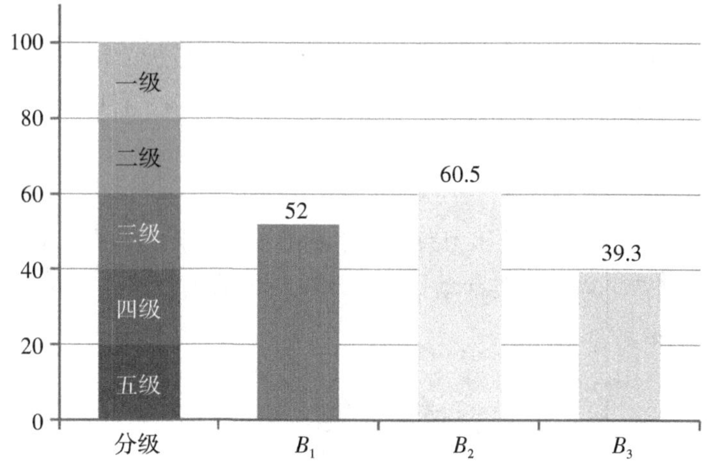

图9-5 生态系统健康状态分项指标评价等级

9.3.3.2 状态现状分析

3个分项指标的评估得分与指标权重之积代表了对流域内生态系统健康状态方面的影响大小，为快捷、直观地反映评估流域在生态系统健康方面的状态，建立以分项指标为3坐标的雷达图。分项指标评估值与权重之积越小，离雷达中心越近，表明状态越差，由此判断影响流域生态系统健康的3个方面的状态现状。具体见图9-6。

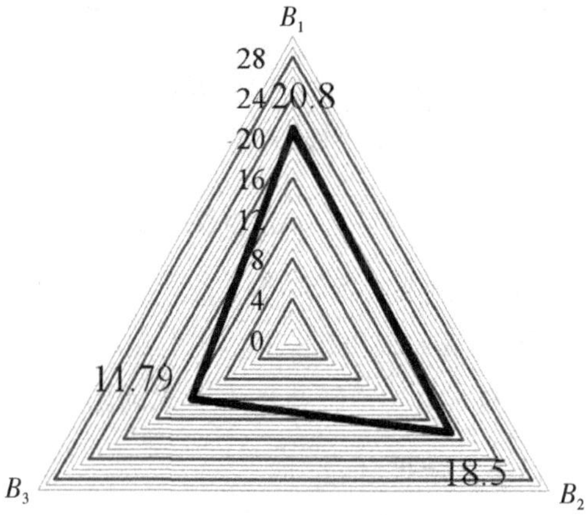

图9-6 生态系统健康状态现状

据雷达图可知，甘肃省湟水流域在生态系统健康状态方面，水质综合状况（B_1）和物理栖息地综合状况（B_2）指标偏离雷达中心较远，表明在这两方面状态较好；水生生物综合状况（B_3）指标距雷达中心较近，表明在该方面状态较差。压力主要表现在生境连通性、湿地面积占比、藻类和底栖动物完整性4个方面状态较差。

9.3.3.3 状态优劣比较

水质综合状况、物理栖息地综合状况和水生生物综合状况的影响各有不同，比较3个方面的评估值与指标权重之积，判断其对生态系统健康状态的影响。具体见图9-7。

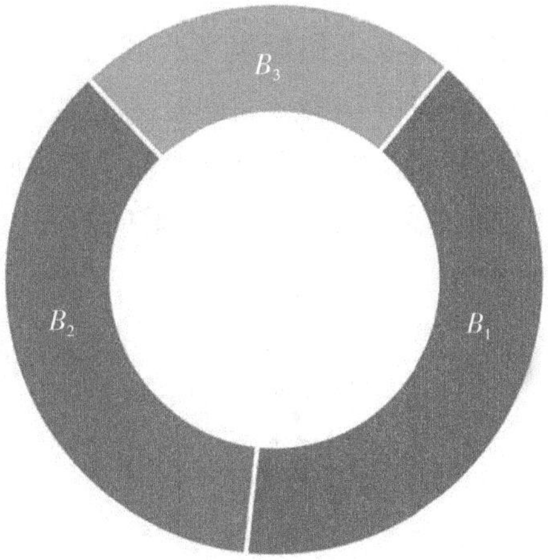

图9-7 生态健康状态优劣比较

本研究从3个方面对湟水流域的生态系统健康状态进行比较：水质综合状况（B_1，一般）＞物理栖息地综合状况（B_2，较完整）＞水生生物综合状况（B_3，较差）。

9.3.4 生态服务功能评估结果分析

本次生态服务功能评估共涉及6个分项指标和7个具体评估指标。

9.3.4.1 指标等级分析

7个具体评估指标中，等级为“一级”的指标有2个，“二级”的指标有0个，“三级”的指标有1个，“四级”的指标有1个，“五级”的指标有3个。由此计算出的6个分项指标中，等级为“一级”的指标有2个，“四级”的指标有2个，“五级”的指标有2个。分项指标评价等级见图9-8。

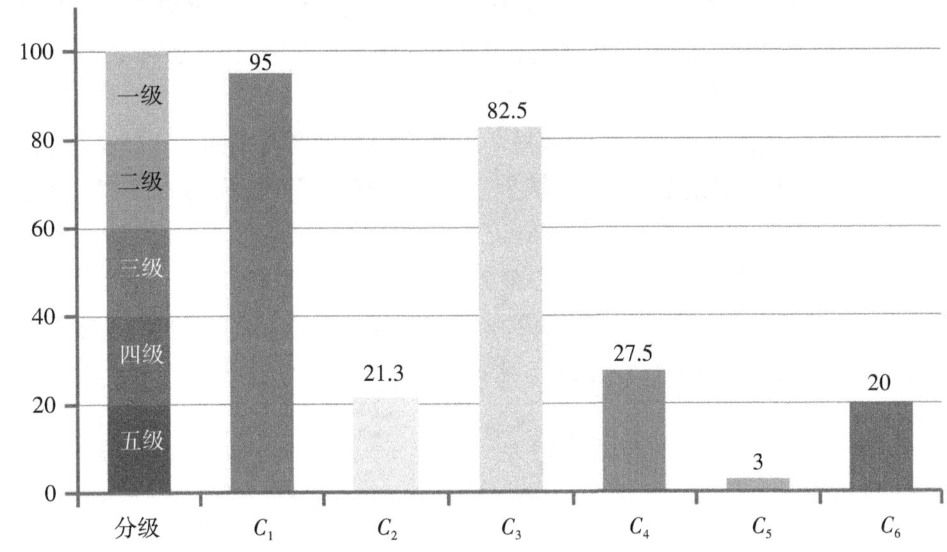

图9-8 生态服务功能分项指标评价等级

9.3.4.2 功能现状分析

6个分项指标评估得分与指标权重之积代表了流域内生态服务6个方面功能的强弱，为快捷、直观地反映湟水流域生态服务功能方面的状况，建立以分项指标为6坐标的雷达图。分项指标评估值与权重之积越小，离雷达中心越近，表明服务功能越弱，由此判断影响流域生态服务功能的6个方面的强弱状况。具体见图9-9。

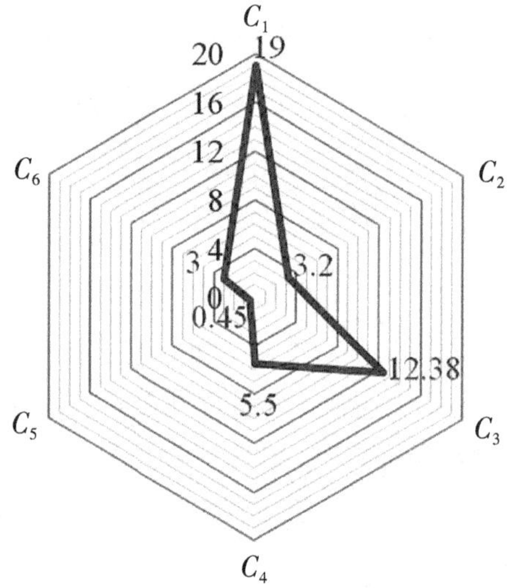

图9-9 生态服务功能现状

据雷达图可知，甘肃省湟水流域在生态服务功能方面，饮用水服务功能（C_1）和水环境净化功能（C_3）2个指标偏离雷达中心较远，表明在这两方面生态功能较强；生物多样性功能（C_4）、水源涵养功能（C_2）、保护区功能（C_6）和水产品供给功能（C_5）4个指标距雷达中心较近，表明在这4方面生态功能较弱。主要表现在水源涵养指数低、珍稀物种生境代表性差、单位水域面积捕捞量小和自然保护区面积小且级别低4个方面。

9.3.4.3 功能发挥程度比较

上述6个方面的生态服务功能，在流域中发挥作用程度各有不同。比较6个方面的评估值与指标权重之积，判断其在湟水流域生态服务功能方面发挥作用的强弱。具体见图9-10。

本研究从6个方面对湟水流域的生态服务功能发挥程度进行比较：饮用水服务功能（C_1，极高）>水环境净化功能（C_3，极高）>生物多样性功能（C_4，较低）>水源涵养功能（C_2，较低）>保护区功能（C_6，低）>水产品供给功能（C_5，低）。

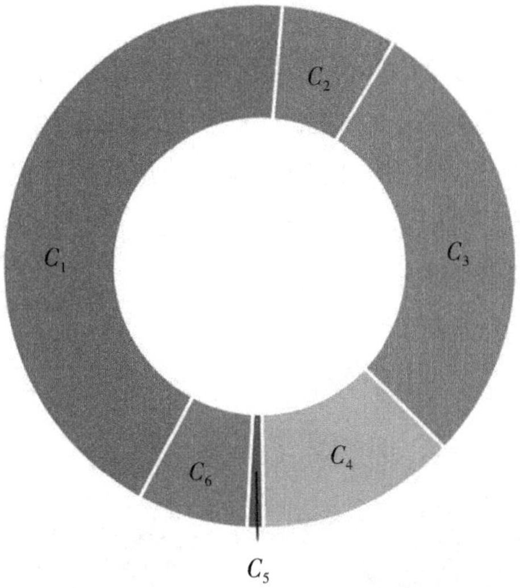

图9-10 生态服务功能强弱比较

9.3.5 生态风险评估结果分析

本次生态风险评估共涉及2个分项指标和8个具体评估指标。

9.3.5.1 指标等级分析

8个具体评估指标中，等级为"一级"的指标有1个，"二级"的指标有0个，"三级"的指标有4个，"四级"的指标有2个，"五级"的指标有1个。由此计算出的2个分项指标中，等级为"二级"的指标有1个，"三级"的指标有1个，均处于中等水平。分项指标评价等级见图9-11。

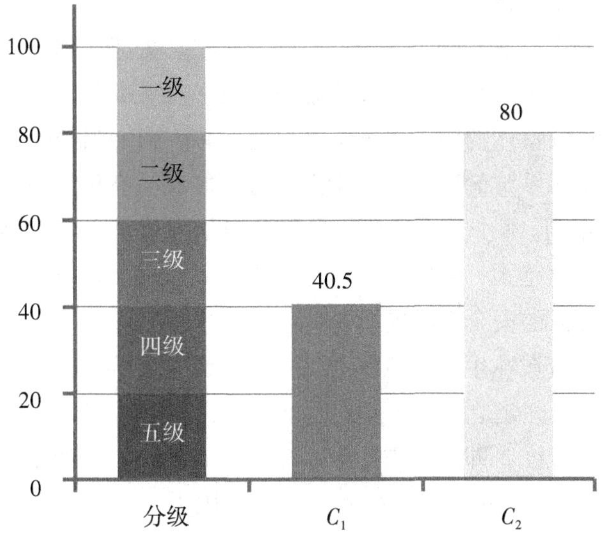

图9-11 生态风险分项指标评价等级

9.3.5.2 风险状况分析

2个分项指标的评估得分与指标权重之积代表了其对流域内防范生态风险的影响大小，值越大，表明该方面风险防范越好；值越小，表明风险防范越弱。由此，用专项指标评估值与权重之积的倒数，表明流域内存在的生态风险大小。具体见图9-12。

本研究从两个方面对流域生态风险大小进行比较：突发风险（D_1，中等）＞累积风险（D_2，中等）。突发风险主要表现在化学品临界比值低、生产工艺过程风险较高、流域内风险暴露人口数量相对较多3个方面。

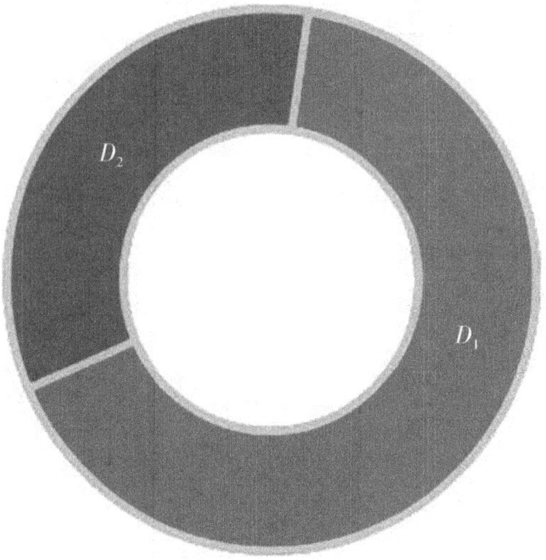

图9-12　生态风险大小比较

9.3.6 综合评估结果分析

甘肃省湟水流域的生态安全等级属于“一般”水平，处于生态安全中等程度。该河段在生态环境压力、生态系统健康状态、生态服务功能、生态风险4个方面的评估等级均处于“三级”水平，对流域整体的压力属于中等程度。4个专项指标等级见图9-13。

生态环境压力、生态系统健康状态、生态服务功能和生态风险对甘肃省湟水流域的整体生态安全影响各有不同。4个专项指标评估得分与指标权重之积代表了其对流域整体生态安全的贡献大小。该值越大，表明在整体流域生态系统中，该方面的安全性越好；反之该值越小，则表明该方面的安全性越差。

为直观地反映湟水流域在生态环境压力、生态系统健康状态、生态服务功能、生态风险4个方面的状况，本研究建立了以专项指标为4坐标的雷达图。指标与雷达中心的偏离距离用来表示生态安全程度，即偏离雷达中心越远，表明该方面的生态安全性越高；指标距雷达中心越近，表明该方面的生态安全性越低。压力–状态–功能–风险评估结果见图9-14。

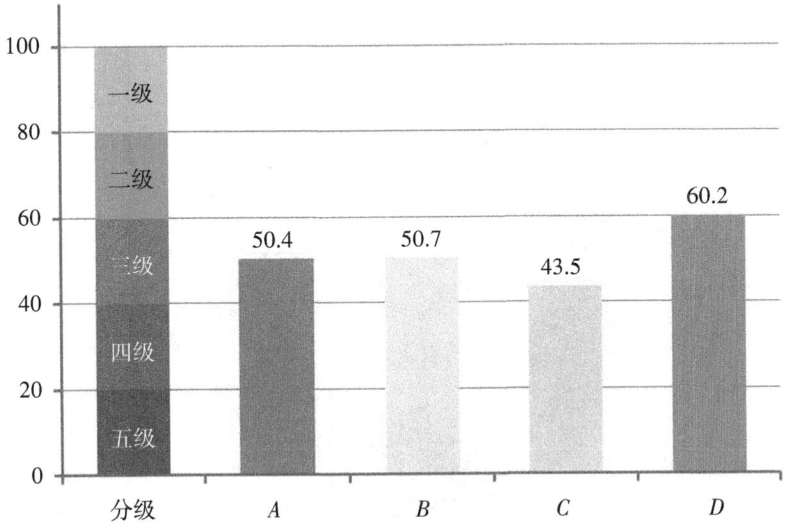

图9-13 生态安全评估专项指标评价等级

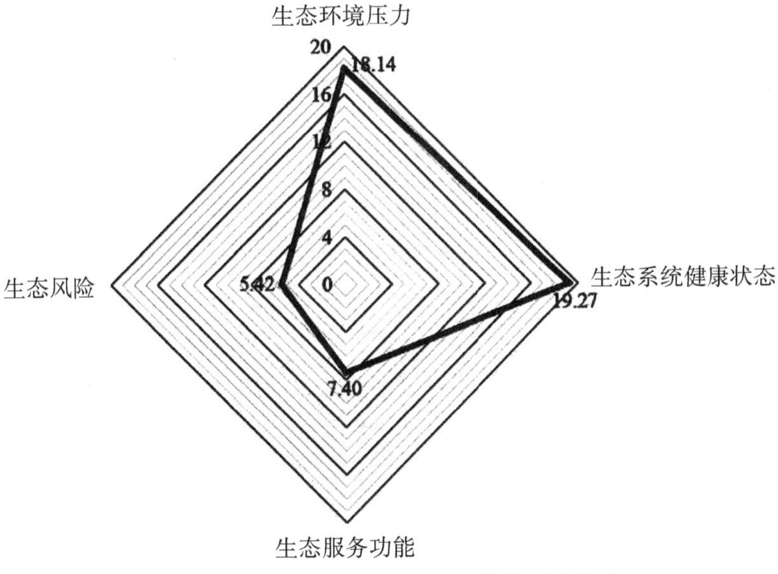

图9-14 压力-状态-功能-风险评估结果雷达图

本研究从生态环境压力、生态系统健康状态、生态服务功能和生态风险4个方面对湟水流域的生态安全程度进行比较：生态系统健康状态（*B*，一般）>生态环境压力（*A*，一般）>生态服务功能（*C*，中等）>生态风险（*D*，中等）。4个方面的生态安全性比较见图9-15。

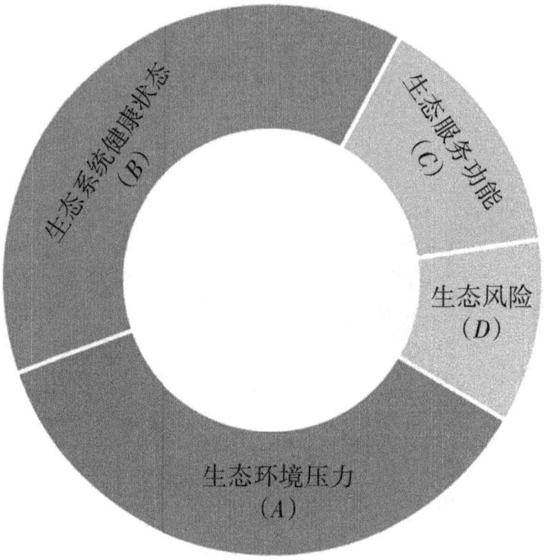

图9-15　甘肃省湟水流域压力-状态-功能-风险安全性比较

10 结论和对策

10.1 调查评估结论

10.1.1 流域概况

湟水是黄河上游最大的一个支流，文献记载其发源于青海省海晏县包呼图山。湟水干流全长374 km，在甘肃省境内长68.8 km，红古区境内长62 km；其中上段为甘青两省界河，长31 km，下段均在甘肃境内，长37.8 km，左岸为兰州市红古区，右岸为临夏回族自治州永靖县。大通河为湟水一级支流、黄河二级支流，在甘肃和青海两省交界的享堂峡汇入湟水。

10.1.2 调查范围

根据甘肃省湟水流域生态环境保护工作的需要，结合流域地形地貌，湟水下游段调查范围以河流左右岸分水岭为边界，涉及的县区包括红古区（窑街街道、下窑街道、矿区街道、海石湾镇、红古镇、花庄镇、平安镇）和永靖县（西河镇、盐锅峡镇），同时属于青海省的民和县（川口镇、马场垣乡）与甘肃隔河相对，沿河生态环境关系紧密，同属湟水流域下游范围，故本书调查范围覆盖总面积约为665 km^2。

10.1.3 现状调查与评价

（1）径流

湟水在甘肃省境内集水面积为2 395 km^2，天然落差为155.25 m，河床平均比降为2.26‰。多年平均流量为140 m^3/s，多年平均含沙量为9.56 kg/m^3。径流以雨水补给为主，雪水补给为辅。径流的年内分配不均，7～9月份的径流量约占全年的50%，最小流量出现在1～3月份。

（2）地形地貌

甘肃省湟水流域地处湟水下游河谷，地形轮廓呈狭长的“山”字形，北面依山，西南临水，地势西北高东南低，海拔高度为2 462～1 580 m。地形地貌属黄土高原沟壑低山丘陵区及河谷川地区。

（3）土壤类型

甘肃省湟水流域各地土壤分布的规律性明显。主要类型有：灌淤土、灰钙土、黄绵土、潮土等。

（4）水资源量

甘肃省湟水流域内地表水资源量为3.65亿m^3，地下水资源量为1.11亿m^3，水资源总量为3.86亿m^3。过境地表水资源较丰富，地下水主要为潜水和基岩裂隙水，水量贫乏且矿化度高，水质差较难利用。

（5）水源地水质

对甘肃省湟水流域内海石湾、窑街、花庄、平安水源地2016—2018年的监测数据进行分析可知，4个水源地水质均达到《地表水环境质量标准》（GB 3838—2002）中的Ⅲ类水质标准，达标率为100%。

（6）涉及水功能区划

甘肃省湟水流域处于黄河流域一级水功能区，分别为“湟水青甘缓冲区”（水质目标为Ⅳ类）和“大通河甘青缓冲区”（水质目标为Ⅲ类）。

（7）水质监测

通过对甘肃省湟水流域内9处断面、枯水期和丰水期66项指标的调查分析可知，其中享堂桥断面执行Ⅲ类标准限值，其他断面均执行Ⅳ类标准限值，断面水质类别比例法对河流整体水质现状进行评价的结果表明，甘肃省湟水流域水质状况为“良好”。

（8）水体累积风险

对甘肃省湟水流域内3处断面丰水期和枯水期45项指标的调查分析表明，甘肃省湟水流域有毒有害有机物类累积风险等级为“一级，低”，重金属类累积风险等级在丰水期时为“二级，较低”，在枯水期时为“三级，一般”。由此可知，重金属类累积风险大于有毒有害有机物类累积风险，且同一种重金属物质枯水期累积风险大于丰水期。

（9）河流水质变化趋势分析

对民和桥、享堂桥和湟水桥近6年来例行监测资料分析可知，享堂桥主要超标因子为化学需氧量；民和桥主要超标因子有4项，分别为氨氮、生化需氧量、化学需氧量、总磷；湟水桥主要超标因子有3项，分别为氮、化学需氧量、总磷。3个例行监测断面均呈现超标因子逐年减少、综合污染指数逐步变小、污染程度整体减轻的趋势。

超标因子中，生化需氧量、化学需氧量、氨氮的监测浓度均为：民和桥＞湟水桥＞享堂桥；总磷的监测浓度为：湟水桥＞民和桥＞享堂桥。由此可知，民和桥断面水质较差，湟水桥断面次之，享堂桥断面水质较好。

（10）水生生物调查分析

通过对甘肃省湟水流域12处断面底栖动物和浮游藻类，以及4处河段鱼类开展调查，结果显示，甘肃省湟水流域共检出18种（属）大型底栖动物、130种（属）浮游藻类、13种鱼类，同时湟水特有性物种棒花鱼在渔获物中占比很小，说明指示性物种数量减少。甘肃省湟水流域的水生生物多样性等级为“较差”，完整性等级为“较差”。

（11）土地利用

甘肃省湟水流域内土地利用类型中草地面积最大，占比为67.16%；其次为耕地，占比为16.95%；林地和公共服务用地最少，占比分别为0.96%和0.32%。土地利用空间布局上，水浇地、菜地、果园、居民点及工矿用地、交通用地大多布局于川滩地和坪台地，而北部山地主要是旱地、矿业用地和未利用土地。

（12）土壤侵蚀

甘肃省湟水流域属于甘肃省水土流失重点防治区中的“重点监督区”，土壤侵蚀主要以水力侵蚀为主。运用3S技术对红古区段范围内的土壤侵蚀情况进行调查，结果显示，微度侵蚀面积为150.80 km^2（占比为22.68%），轻度侵蚀面积为205.40 km^2（占比为30.89%），中度侵蚀面积为164.68 km^2（占比为24.76%），强烈侵蚀面积为144.16 km^2（占比为21.68%）。

（13）陆生植物

甘肃省湟水流域范围内，位于红古区段内的陆生植被类型大致分为5个植被型组、8个植被类型、13个植被亚型和17个群系。未在甘肃省湟水流域内发现有国家级保护植物的分布。

（14）生态环境评价

甘肃省湟水流域的生物丰度指数为27.44，植被覆盖指数为0.14，水网密度指数为29.31，土地胁迫指数为57.44，污染负荷指数为45.23。加权计算后可知，甘肃省湟水流域范围内的生态环境状况指数为20.15，表明本区生态环境状况为“较差”级别中的较低水平，呈现植被覆盖较差，水土流失严重，物种较少，存在着明显限制人类生存的因素状态。

10.1.4 评估结论

（1）评估指标等级

甘肃省湟水流域生态安全评估指标体系共包括4个专项指标、17个分项指标、38个评估指标。38个评估指标中，9个等级为“一级”，17个等级为“四、五级”，低等级指标占总评估指标的47.2%。17个分项指标中，4个等级为“一级”，8个等级为“四、五级”，低等级指标占总分项指标的47.1%。4个专项指标均为“三级”中等水平。

（2）生态环境压力评估

生态环境压力评估等级为“三级”，属于一般程度。在人类活动情况方面，水资源利用压力和农村面源排放压力对流域整体压力影响较小。人口压力、城镇污染排放压力和流域外部压力3个方面对流域压力较大。

对流域生态环境压力大小程度进行比较：城镇污染排放压力（单位面积COD、氨氮排放量）＞流域外部压力（引调水工程度、生态受大坝影响度）＞人口压力（人口密度）＞土地利用压力（土壤侵蚀强度）。

（3）生态系统健康状态评估

生态系统健康状态评估等级为“三级”，属于一般程度。水质综合状况和物理栖息地综合状况两方面状态相对较好。水生生物综合状况方面状态较差。

对流域的生态系统健康状态进行比较：水生生物综合状况（藻类和底栖动物完整性）＜物理栖息地综合状况（湿地面积占比、生境连通性）。

（4）生态服务功能评估

生态服务功能评估等级为“三级”，属于中等程度。饮用水服务功能和水环境净化功能两方面的生态功能较强，生物多样性功能、水源涵养功能、保护区功能和水产品供给功能4个方面的生态功能较弱。

对生态服务功能发挥程度进行比较：水产品供给功能（水域面积捕捞量）＜保护区功能（自然保护区级别）＜水源涵养功能（水源涵养指数）＜生物多样性功能（珍稀物种生境代表性）。

（5）生态风险评估

生态风险评估等级为“三级”，属于中等程度。比较风险程度：突发风险＞累积风险。

（6）压力-状态-功能-风险综合评估

从压力、状态、功能、风险4个方面对流域生态安全程度进行比较：生态系统健康状态＞生态环境压力＞生态服务功能＞生态风险。综合评估结果表明，甘肃省湟水流域的生态安全等级属于“一般”水平，处于生态安全中等程度。

10.2 流域生态安全限制性因素分析

本次开展甘肃省湟水流域的生态安全调查评估，对该区域的生态系统状况是一次全面诊断，评估结果较客观地反映了现阶段该流域的优势和短板。主要表现出来的生态安全限制性因素如下：

生态环境压力：压力来源主要表现在人口密度、土壤侵蚀指数、单位面积COD排放量、氨氮排放量、引调水工程影响度、生态受大坝影响度6个方面。

生态系统健康状态：主要表现在物理栖息地连通性较差、湿地面积占比小、藻类和底栖动物完整性较差4个方面。

生态服务功能：主要表现在水源涵养功能较低、生物多样性功能较差、水产品供给功能弱和自然保护区面积小且级别低4个方面。

生态风险：主要表现在流域沿线企业由于化学品临界比值低、生产工艺过程风险较高、流域内风险暴露人口数量相对较多，易发生突发风险。

10.3 区域现存的生态问题

（1）城镇污染排放压力大

甘肃省湟水流域区域主要涉及红古区全域及永靖县、民和县辖区沿湟水分布的部分乡镇，这里是整个湟水流域人类活动较集中的区域之一，因此，生态环境特别是水生态受各种人类活动的影响和干扰也非常明显。一方面，流域沿线规模以上工业企业主要涉及煤炭开采和洗选业、非金属矿制品业、有色金属冶炼业、化学原料及制品业和食品制造业等，工业污染特征以煤烟、冶炼污染、水污染为主，同时企业数量较多、污染物排放水平较高，随着经济的发展，湟水沿岸部分企业污水产生量逐年攀升，加之黄河水质要求越来越高，原有的污水处理设备处理结果或处理能力与新要求存在差距。这使得甘肃省湟水流域沿线受来自工业生产活动的污染影响较大。另一方面，流域沿线人口密集，河岸两侧分布着大量的村庄，集中在沿河少量阶地内，由此导致生活污水、农业面源污染、畜禽养殖、尾菜垃圾等产生集中，进入环境的负荷较高，加上当前流域内控制面源污染的相关基础设施薄弱，如沿线村镇缺乏合理的污水收集处理设施，农业废弃物缺少合理高效的收集处置体系，沿河畜禽散养现象普遍，导致流域内的尾菜垃圾、生活污水、生活垃圾等污染物随意排放的现象依然存在，同时区域内部分畜禽养殖废弃物未得到资源化利用或无害化处理，部分养殖场的粪污贮存、治理配套设施的建设不符合技术规范，存在设施管理不善、运行不稳定的问题。这些现状始终是甘肃省湟水流域面临的突出环境问题，各类污染物随着降雨冲刷在河谷内汇集、积累，最终进入湟水河道，给湟水水质、水安全带来很大的隐患。本书中针对人类活动情况的分析也显示出，区域内的单位土地面积COD排放量和氨氮排放量均很高，给流域生态环境带来了极大的压力。

（2）受上游污染迁移影响大

甘肃省湟水流域地处甘青两省交界区域，青海省民和县位于甘肃省红古区上游，水环境问题涉及两个省多个县区带来的影响。然而，不能忽视的是，位处上游的青海省境内生产生活活动同样频繁。湟水作为青海省70%的工业企业和40%的农业、生活污水排放受纳体。一方面，现有工业行业包括铁合金冶炼、非金属矿物制品、有色金属冶炼、石膏和水泥制品、基础化学原料制造，且青海省民和工业园入驻企业中大多数属于高耗能、高污染、高排放企业。另一方面，境内人口集中且沿湟水分布，同时种植业面积大、畜禽养殖污染较严重。上游的生产生活排污随着河道进入下游（甘肃段），与该段内新纳入的污染负荷叠加，无疑会进一步增加下游的水生态环境压力，不但影响湟水沿线的水生态环境，而且直接事关兰州市人口饮用水源的水质安全，给甘肃省湟水流域区段的水环境保护与治理带来难度和挑战。

对近6年来例行水质监测资料分析可知，民和桥断面水质较差，湟水桥断面次之，享堂桥断面水质较好。这说明由民和县流入红古区的湟水水质较差，在经支流大通河的稀释、下游红古区环境降解和污染治理的作用下，水质并不稳定，在湟水桥断面水质类别不能稳定达到相应功能区的水质要求，且在Ⅱ～Ⅳ类之间波动，特别是在7月和8月，即区域内的雨季时段，水质甚至会一度达到Ⅳ类，汇入黄河干流后给黄河干流的水环境带来影响。虽然有关环境保护主管部门为保证民和桥断面水质达标，于2015年将断面位置进行了下移调整，但是地处下游的红古区承接的来自上游的污染物负荷量并未减少。

如何有效避免和治理跨界水体污染，已经成为甘青两省面临的迫在眉睫的重大难题。近年来，红古区有关部门多方筹措经费，投入了大量资金用于湟水流域污染治理和生态修复。生态保护工作虽取得了一定成效，但是民和桥断面和湟水桥断面水质仍不能稳定达标，不但对河流生态系统造成威胁，而且极大地影响了湟水流域整体生态安全水平。

（3）水土流失依然严重

甘肃省湟水流域涉及地域处于黄土低山丘陵区，洪水泥石流沟谷发育，沟壑纵横、植被稀疏，生态环境恶劣。自然风化剥蚀、降雨、洪水及人类工程活动引发的水土流失依然严重，调查区土壤侵蚀模数平均为603 t/(km^2·a)，调查区中度和重度侵蚀面积占比近50%。水土流失情况需进一步遏制，避免造成土地生产力下降，影响流域土地资源有效利用，也避免山洪、泥石流、滑坡等地质灾害，威胁生态系统结构稳定性。

（4）生态流量缺乏保障

湟水及其支流位于青藏高原与黄土高原的交汇地带，青藏高原东缘的祁连山脉冰川融水源源不断地向黄河流域输送着水资源，水资源蕴藏量相对丰富，河谷深切，水流急、落差大、流量均匀，且工程地质条件好，因此具备优越的水能资源开发条件。经调查，仅红古区境内62 km的河段上已分布了13座水电站，开发密度很高。流域水能资源开发虽已成为辐射和带动当地周边经济发展的增长点，但随着湟水及大通河水电资源密集开发、生产生活活动增加，河道自然连通状态受到影响，下游生态流量缺乏有效保障，水量水位等水文变化更加剧烈，严重影响了河道的连通性，阻碍了河道上下游的物质、能力、信息交流，导致流域内部生态环境问题日益呈现，逐步成为制约湟水流域生态环境恢复和经济社会可持续发展的重要因素。

（5）生态服务功能弱

生态系统服务功能是生态系统在能量流、物质流的生态过程中，对外部的重要作用，如改善环境、提供产品等。生态系统不仅给人类社会提供食物和原料等产品，而且维持了经济社会赖以生存和发展的生命保障系统。据调查评估可知，甘肃省湟水流域区域内湿地少，植被盖度低，自然生境呈斑块化，无野生保护动物分布，因此湟水流域下游的生态系统表现出涵养水源能力较弱、生物多样性较低和水产品供给功能差的生态功能特征。较低的服务支持功能制约了生态系统供给功能和调节功能的发挥，限制了该区域经济社会从中获得的效益范围。

（6）企业环境风险隐患较突出

受地形限制，湟水流域的工业企业普遍分布在河流沿岸，企业类型复杂多样。对甘肃省湟水流域内涉及生态风险的企业生产工艺、危险化学品物质、储存量等信息进行调查可知，区域内涉及危险化学物质企业有15家，危险物质有13种，化学品储存量较多，部分企业的安全管理与风险防范措施不到位。湟水属于跨省界、县界河流，环境风险隐患对流域生态安全存在潜在的威胁，若一旦发生环境突发事件，容易因跨界污染引发纠纷。

（7）环保基础设施建设滞后

地处湟水下游的红古区是兰州市的远郊区，又与青海民和、临夏永靖、兰州永登等农业县相邻，总体城镇化程度低。虽然目前区内工业废水基本达标排放，但随着连海经济开发区和兰州经济开发区红古园区的建设，工业污染源将进一步增加。随着社会和经济发展加速及人口增加，尾菜垃圾和生活污水也将不断增多。而红古区也才于去年在流域沿线修建了3处尾菜处理场（红古镇、花庄镇和平安镇陈腐尾菜处理场），目前城区仍有许多地方欠缺污水收集和处理系统，现有污水处理设施处理能力有限，特别是遇强降雨天气，如海石湾污水处理厂瞬时进水量超出污水厂处理能力，导致河道水环境污染风险增加。同时，村镇的生活污水直接排入河流、沟谷。环境保护基础设施建设的滞后和缺失，使水环境负荷愈发加重，将对水环境造成严重污染。因此，流域内工业和生活污染源的防治，要未雨绸缪，提前规划和筹措，做到有备无患，才能保证湟水流域的整体生态安全。

（8）资金投入和监管能力有限

近年来，随着煤炭、钢铁、铝业等支柱工业的大面积萎缩和亏损，红古区财政收入锐减，地方政府财力基础薄弱。环境保护投入资金有限，不仅造成许多环保措施不能落实，也影响环境监管能力提升，制约着环境监察和执法的力度。虽然兰州市人民政府及红古区人民政府均已制定了《突发环境事件应急预案》，但由于资金缺乏，专业人员不足，监测设备缺失，致使应急能力欠缺。

10.4 流域管控对策与建议

10.4.1 流域生态安全与保护及发展定位分析

（1）甘肃省湟水流域是重要的生态屏障和过渡区域

甘肃省湟水流域地处青藏高原和黄土高原的过渡地带，拥有多样的地貌，地形复杂，沟壑纵横的地形地貌和干旱少雨的气候条件使得其生态环境脆弱又复杂，同时，这样的自然地理条件也构成了流域内多样的生态特征，承担着青藏高原和黄土高原生态屏障功能。在《全国主体功能区规划》确定的“两屏三带”全国生态安全战略格局中，甘肃省湟水流域位于我国主体功能区规划中的黄河重点生态区，其水土保持能力直接影响着黄河干流的生态状况。湟水沿线的人类活动历史悠久，流域内生态环境受到明显的扰动，植被遭到了严重破坏，使得湟水干流沿线的水土保持功能丧失，每年向黄河干流输送了大量的泥沙，是全国水土流失严重的地区之一，并且夏季暴雨多引起水土流失和滑坡等自然灾害。流域内的支流大通河流经区域是国家重点生态功能区——祁连山冰川与水源涵养生态功能区，为下游及黄河干流源源不断地输送着充沛的水资源，同时调节着区域的气候。重要的生态地位，是甘肃省湟水流域的价值所在、责任所在，也是潜力所在。

（2）甘肃省湟水流域是连通东西的通道

湟水河谷是我国内陆通往青藏高原的天然通道，自古以来，一直是国家东西政治、经济、文化交流的通道之一，战略地位重要。改革开放之后，在突出的地理优势加持下，区域内构建了以陇海、兰新、兰青铁路以及青兰、兰海、京藏、G312、G109公路为主的交通网络，将青藏高原与东部紧密连接。甘肃省湟水流域的生态安全与绿色发展，将直接影响这条东西通道的畅通、持久和稳定。

（3）甘肃省湟水流域是多民族聚居的融合之地

历史上，甘肃省湟水流域是多民族聚居之地，在湟水自然环境的支撑下，多民族在河谷内繁衍生息，交流融合，孕育出了灿烂多彩的河湟文化。湟水流域的自然生态支撑着这一区域成为多民族的融合发展之地，流域内生态状况的稳定以及安全，是维系和延续这一多民族聚居融合发展的根本保障。

（4）甘肃省湟水流域是多个国家和区域战略的叠加地

甘肃省湟水流域镶嵌在甘青两省之间，随着区域内多个发展与保护战略的落地，其发展与区域同步进入了快车道，在甘肃、青海两省构建新发展格局过程中的定位逐渐被提升，分量不断在加重。

2019年9月，习近平总书记在河南郑州主持召开黄河流域生态保护和高质量发展座谈会并发表重要讲话，着眼全国发展大局，明确指出黄河流域在我国经济社会发展和生态安全方面具有十分重要的地位，深刻阐明了黄河流域生态保护和高质量发展的重大意义，作出了加强黄河治理保护、推动黄河流域高质量发展的重大部署。国家将黄河流域保护与发展同京津冀协同发展、长江经济带发展、粤港澳大湾区建设、长三角一体化发展相并列，共同构成新时期国家区域发展的重点布局体系。湟水作为黄河上游的一级支流，是黄河战略的关键区域之一，对于强化黄河治理保护、推动黄河流域高质量发展具有重要的意义。同时，湟水流域的生态安全与发展，对于解决流域内人民群众特别是沿河少数民族群众关心的防洪安全、饮水安全、生态安全等问题具有重要意义。此外，“黄河战略”的推进将为甘肃省湟水流域带来更多生态保护修复和区域经济社会转型发展的机会，作为黄河干流的辐射地带，必将吸引更多的政策、资金和项目落地聚集，加速流域的经济社会绿色转型，拓展发展空间。

湟水流域有“丝绸之路经济带”黄金段的区位优势、丰富的能源资源优势和政策叠加优势，随着面向中西亚、中东欧国家出口加工基地的建设，湟水流域将更加深入地参与沿线省区及国际分工与合作，为流域内产能与技术走出去提供了机遇。国家“丝绸之路经济带”和“21世纪海上丝绸之路”战略的持续推进，为甘肃省湟水流域积极参与区域开放合作、推动人与自然和谐共生创造了现实路径，将进一步推动甘肃省湟水流域进入我国西部扩大对外开放的前沿，为流域与“一带一路”沿线加强生态环境、生物多样性和应对气候变化合作，打造新时代绿色丝绸之路节点和枢纽均带来了重大机遇。

在西部大开发的“五横两纵一环”总体空间格局中，湟水流域正处于一横一纵的交点之上，具有连通向西和向南开放的优越区位条件，是联络东西的必经之路。随着新时代推进西部大开发形成新格局战略的不断深入，湟水流域甘肃段也将扮演重要的角色。这里是兰州市重要的工业基地，也是引领区域产业绿色转型发展、维护西部生态安全的重要阵地，同时是甘肃、青海两地协同推进生态保护和经济社会高质量发展，不断巩固生态安全、激活生态潜力的重要驱动源。

2018年，国务院批复了《兰州—西宁城市群发展规划》，从维护国家生态安全战略支撑的角度，提出围绕支撑青藏高原生态屏障建设和北方防沙带建设，引导人口向城市群适度集聚，建立稳固的生态建设服务基地；依托三江源、祁连山等生态安全屏障，构建以黄河上游生态保护带，湟水河、大通河和达坂山、拉脊山等生态廊道为主的生态安全格局，切实维护黄河上游生态安全。生态环境保护是兰州—西宁城市群的主要核心，在兰州—西宁城市群的融合发展和绿色发展背景下，甘肃省湟水流域更是巩固区域生态安全、带动区域高质量发展的关键，在拓宽生态发展空间、发展壮大特色产业、推动经济高质量发展、提高辐射带动力方面均提供了绝佳的契机，也为甘肃省湟水流域推进产业布局结构调整、资源能源优化、绿色循环产业体系打造、生态环境联防联控等提供了更宽阔的平台。

我国实施积极应对气候变化国家战略，于2020年宣布了碳达峰碳中和目标，把“双碳”纳入生态文明建设整体布局和经济社会发展全局，并陆续作出了一系列重大部署，推动经济社会发展全面绿色低碳转型，这一国家战略的持续推进对甘肃省湟水流域控制化石能源消费，加快推动流域能源生产和消费革命、转变发展方式开辟了新的路径，带来了又一次转变发展方式的重大机遇。

国家、省级层面在甘肃省湟水流域内的一系列战略和政策着力，为流域内树立了以生态安全为核心、生态建设为要务、绿色发展为引领的新起点，为流域探索新发展路径、破解发展瓶颈、协同推进经济社会高质量发展和生态环境高水平保护提供了机遇。

可以看出，甘肃省湟水流域凭借多样的生态功能、重要的生态屏障作用及地理区位优势，必将在今后的生态保护和高质量发展中发挥更多的作用，同时显示出了其生态安全的重要性和保护的紧迫性，也决定了其在区域经济社会发展中的定位就是发挥好黄土高原与青藏高原过渡带水土保持、水源涵养的生态屏障作用，维护流域生态的稳定与连续，同时以生态优先为根本，推动保护与发展相协同。

10.4.2 流域生态保护与发展目标分析

（1）遵循的指导思想

推动甘肃省湟水流域的生态安全管控、生态保护与发展工作，必须要有科学的理论基础作为指导。我们的党和政府在多年的社会主义现代化建设实践中，不断总结经验、求实创新，从农业文明到工业文明，再到生态文明，我们的发展观、文明观不断地升华，发展理念不断地深刻，生态环境质量及其安全已成为文明发展的组成部分。

首先，要按照我国新发展阶段的总体要求，落实区域总体规划部署，以习近平生态文明思想为指导，坚持绿水青山就是金山银山的绿色发展观和创新、协调、绿色、开放、共享的新发展理念。这是保障流域生态安全和持久稳定的基础，也是我们国家在今后一段时期内坚持的发展方向，甘肃省湟水流域必须衔接契合这一思想和理念，协同推动流域生态保护与发展。

其次，要抓住国家在区域内落地的各类战略政策，以这些发展战略为框架，谋划流域内的保护与发展工作。全面落实黄河流域生态保护和高质量发展国家战略，以及甘肃省“强省会”行动战略要求，加强甘肃省湟水流域生态环境治理体系、生态环境治理能力和生态环境管理现代化建设，构建生态安全、生态经济、生态制度、生态生活、生态文化的流域生态文明建设支撑体系，筑牢甘肃省湟水流域绿色生态屏障，同时努力打好生态牌、创新牌、开放牌、文化牌，以更高站位、更宽视野、更大格局，提升流域生态功能，激活流域生态潜力，推动流域高质量发展。

（2）坚持的推进原则

要坚持生态优先、绿色发展的工作理念。湟水流域的生态保护与发展必须树立尊重自然、顺应自然、保护自然的生态文明思想，从过度干预、过度利用向自然修复、休养生息转变，将生态文明建设放在首要位置，建立健全生态文明制度体系，着力推进绿色发展、循环发展、低碳发展，坚持走绿色、可持续的高质量发展之路。

要坚持因地制宜，彰显特色的工作手段。从流域实际出发，广泛深入开展生态保护、生态建设路径、方法和体制机制研究，扎实积累能够支撑流域保护与发展实践的理论基础。通过科学谋划、分类实施、体现特色、转化优势，积极探索并总结形成具有流域特色的生态保护与建设的理论、方法及路径。

要坚持统筹兼顾，立足全局的工作格局。充分考虑区域社会、经济、资源、环境协调发展的需求，统筹生态文明建设、经济建设、政治建设、文化建设、社会建设各领域，实现“共赢”。

要坚持政府主导，共建共享的工作模式。深入打好污染防治攻坚战，推动生态文明建设和生态环境保护取得新突破，形成统一领导、上下齐心、协同联动、全民参与的工作格局，进一步提升人民群众对生态环境的获得感、幸福感和安全感。

要坚持重点突出，分步实施的工作路径。坚持流域一盘棋，左右岸、上下游联动，形成合力，探索适合流域内不同河段、不同区域、不同时段的保护与发展模式，示范先行，以点带面，分批分类全面推进流域生态保护工作，既立足当前保护与治理要求，又要着眼发展需求。

（3）执行的任务目标

实施流域生态保护与发展，需要明确最终要实现的目标或效果。在总体目标确定上，紧密围绕甘肃省湟水流域内生态环境保护目标、经济社会发展目标，以及生态文明建设目标，立足流域生态环境-资源能源-社会经济-人居文化-机制体制各方面的优势，通过重点任务与重点工程的部署落实，实现甘肃省湟水流域生态系统功能显著提升、生态安全屏障能力明显巩固、生态环境支撑能力长足改善、城乡人居环境优美、生态文化繁荣、生态建设机制全面完善的目的。

在阶段目标确定上，可以结合湟水流域经济社会和自然生态的实际，按照国家、省、市等各级的五年计划等相关规划中确定的任务目标指标，确定本流域要达到的生态环境状况基本要求。基于以上要求和甘肃省湟水流域内生态保护与发展关系基础，统筹考虑趋势与潜力，分区域、分时段确定任务目标，分步实施，分类推进。

首先，近期任务目标可以结合生态保护修复措施和工程的实施周期确定。通常生态保护修复措施和工程的建设周期较长，多数能够达到2～3年，且到其建成发挥实效还需要经历一定的时间。因此，近期任务目标可以以五年计划为单元确定，以实施的措施或工程的周期来确定。近期内的措施或工程，应该以稳定生态状况、奠定生态建设和发展基础为主，即为生态保护与发展之间建立良性互动的关系打好基础，据此，近期的目标应该是实现生态环境质量明显改善，流域内水生态系统得到有效保护，空间格局不断优化，人居环境得到有效改善，主要污染物排放总量大幅减少，万元生产总值能耗水耗持续下降，产业结构调整和发展方式转变取得重大进展，同时，这一阶段内保障生态保护与发展的相关体制机制得以基本建立。

其次，中期目标所依靠的措施或工程，应该是在近期见效的工作基础上，进一步激活生态潜力和价值的相关措施或工程，这些措施或工程的实施，可以进一步实现流域内保护与发展的良性互动、协同提升，如带有更多经济、社会功能的水生态保护工程建设，提升了流域内的人居休闲品位，带动了流域内各种生态产业发展，反过来也会促进水生态保护有更多的投入，充分实现生态效益、社会效益、经济效益的统一。因此，该阶段确定的目标，应该是基本建成科学合理的保护和发展空间格局，生态保护与发展需要充分契合，生态空间格局稳定、生态环境质量根本改善，资源节约和环境友好的产业结构、生产方式、生活方式体系全面形成，生态理念深入全市经济社会各个环节。生态空间生态保护与发展实现全面协同，人与自然和谐共生的局面基本形成。

10.4.3 流域生态安全管控对策

甘肃省湟水流域地处跨省、跨区的特殊地域，流域周边条件及环境污染情况较为复杂，存在的生态安全问题较多，是当地经济社会可持续发展的瓶颈制约，成为全面建成小康社会的明显短板。根据本次对湟水流域的生态安全调查与评估结果，梳理发现存在的问题，建议从多个方面采取对策，在思想认识、管理体制、管理模式上进行优化，以达到湟水流域生态环境明显改善，生态系统稳定性得到巩固加强，生态安全体制机制进一步完善，流域生态价值进一步提升的目的，使良好的流域生态环境对社会发展起到积极的推动作用。

（1）倡导一种生态文明社会理念

广泛开展宣传，充分利用媒体媒介，贯彻“生态优先，绿色发展”的基本理念，提高对湟水流域生态文明思想的普及力度，提高全民生态文化、生态道德和生态文明意识。合理高效开发利用水资源，严守以水定产原则，严格执行环境准入政策，合理控制高耗水、高污染企业规模。把生态环境保护摆在首要位置，用习近平生态文明思想指导经济发展，统筹产业布局和资源开发，形成节约资源和保护生态的产业结构、增长方式和消费模式，构建区域一体化的生态环境保护格局。

（2）制定一套全流域生态安全保障机制

湟水流域涉及甘、青两省，现存的经济社会发展同生态环境保护之间的矛盾仍然突出，新老环境问题交织，需制定相关保障湟水流域生态安全的机制体系，如流域信息互通机制、基础设施共建共享机制、流域生态补偿机制、排污权交易机制等，以统筹该流域生态环境高水平保护和经济社会高质量发展。

在湟水跨界水污染及其治理问题上，不能靠单个地方政府演“独角戏”来解决，应该形成一系列湟水跨流域联防联控工作机制。兰州市与海东市政府于2015年5月由兰州市人民政府牵头签订了《兰州市人民政府·海东市人民政府跨界污染联防联控协作框架协议》（下文简称《协议》），由于该《协议》没有强制性，因而两地政府在湟水跨界污染问题上没有进行实质性合作。要避免相互指责和推诿，解除湟水治理中跨界水污染治理的困境，还需进行环境制度创新和组织工作创新。比如：

一是要完善两省联防联控机制，制定联合监测机制、联合执法机制、生态流量调度机制等。

二是要尝试开展环境治理效果交叉评估，即红古区和民和县双方要定期对对方进行生态监测或绩效评估。

三是要建立湟水生态信息合作共享系统，便于统筹规划全流域治理措施，互通各河段生态信息，及时共享环境风险信息，整合流域资源发挥生态效益，提高治理效率等。

四是要对全流域闸坝实施联合调度管理，统一监测生态流量，实施动态调控。

（3）开展一系列流域治理专项行动

针对本次调查评估识别的湟水流域城镇污染排放压力大、河流连通性受引水工程影响、水生生物完整性状况差、水源涵养功能低、生物多样性功能低、流域突发风险防范能力差等问题，有针对性地开展流域治理专项行动。统筹规划，联合水利、农业、林业、环保、国土等部门，按职责分工开展一系列流域治理专项行动。比如：排污口调查与整治、沿线企业突发环境事件应急演练、河道违章建筑排查与整治、水源地污染源筛查、水电站效益评估和分类整治、生态下泄流量和过鱼设施检查、全域无垃圾排查、地质灾害点排查、违规采砂采矿项目检查、散乱污治理等。

（4）谋划一批生态治理和修复项目

结合湟水红古区现已实施的生态工程效果，筛选环境效益好、落地性强的工程，依据保护和治理并举原则靶向施策，分轻重缓急，因地制宜，全面谋划筹建湟水流域生态治理和修复项目库，将流域生态保护手段由单一治理向综合防治方向推进。比如：实施污染源源头截流处置、垃圾和污水收集处理基础设施建设、农村改厕、水源保护区规范化建设、河道综合治理和清淤疏浚、水土流失防治、地质灾害防治、人工湿地建设、土壤修复、涵养林和防护林保护和建设等工程，通过实施上述一批生态治理和修复项目，全面推进污染治理和生态功能保护工作。这样会使湟水红古区段人类活动压力减缓，生态系统健康状态向好，生态服务功能增强、环境风险可控，逐步提高湟水流域提供优质生态产品的能力。

（5）构建一张流域风险监控网络

全面排查红古区境内湟水流域沿线工业园区、化工企业、采矿点等风险源，形成风险源清单。依托全省、兰州市各级环境监测网络资源，积极推进湟水流域生态监测和风险防控网络体系建设。在完善“天地空”一体化监测系统的基础上，逐步拓展水生生物、水生陆生生态监测、流域风险管控评估能力。逐步建设红古区境内湟水流域排污口、水源地和跨境断面水质监测预警系统和下泄流量动态调控系统。构建一张涵盖重点源防控体系、引导企业自主监测和信息发布、可观测流域生态变化趋势、实现预警预报功能的大数据网络。

（6）提升一批综合监管软硬件设施

多元化筹措资金，加大对湟水流域生态安全维护的投入力度。优化循环经济或绿色发展项目的建设和运营环境。积极鼓励技术、人才方面的创新，推动与流域生态安全相关技术成果的应用转化和推广。加强对外交流与合作，引进流域生态保护的先进适用技术。完善流域沿线生态保护基础设施。改善基层工作人员办公条件。完善环境监察、监测必要的仪器和设备。

（7）引领一种环保简约生活方式

倡导简约适度、绿色低碳的生活理念和习惯。广泛开展节约用水活动，推广使用生活节水器具，养成勤俭节约的生活习惯。加强中水利用，提高污水再生利用和中水回用比例。在全社会开展节约水、电、纸张、粮食等行动，反对不合理消费和一次性消费。引导消费者购买绿色产品和服务，鼓励消费者购买和使用节能环保产品。推行绿色包装，提高易降解度和回收利用率。优先发展公共交通，推广新能源汽车，倡导自行车、步行等绿色出行。完善废旧物品回收资源化利用产业链，推行垃圾分类。

10.4.4 污染防控任务措施

（一）严格环境准入

按照主体功能区规划、实施方案总体目标和考核指标要求，明确评估区环境准入条件，提高企业准入门槛，严禁审批淘汰类项目，严格审批限制类项目。在区域水资源、水环境承载能力达到极限时，暂停审批向河流排放废水的建设项目；已超过承载能力的地区要制定水污染物削减方案。严禁不符合产业政策、选址不合理、国家明令淘汰、存在重大环境风险隐患的项目准入。

（二）严格环境执法

加大执法力度，确保所有排污单位达标排放。建立企业“黄牌”“红牌”警示处罚制度，对存在超标和超总量的企业予以“黄牌”警示，一律依法限制生产或停产整治；对整治仍不能达到要求且情节严重的企业予以“红牌”处罚，一律停业、关闭。健全行政执法与刑事司法衔接机制，严厉打击环境违法行为，加大对排污单位的日常监督检查力度。

（三）加强环境监管

充分发挥各涉水管理部门职能，加强红古区综合监管能力建设，提高环境监测站标准化建设水平，加强推进环境应急能力标准化建设工作，提高环境宣教信息标准化建设水平，提升饮用水水源水质全指标监测、水生生物监测、地下水环境监测、化学物质监测和水生生态环境监测的支撑能力。统筹优化水环境监测断面（点位），建立覆盖评估区的水文水资源监控体系，形成点、线、面一体化的水环境监测监察网络。

（四）加强监控预警系统建设

加强环境监测信息化平台建设，及时共享监测信息，共同分析研判水量水质变化情况。对水资源、水环境承载能力实行监测预警，为评估区环境综合监管与风险预警提供支撑。建立基于在线高频自动监测系统和人工巡测结果，把多源信息与水质预警专业模型相结合，以空间数据库和属性数据库为核心，数值模拟技术为手段，数据网络传输存储为支撑的集成化监控预警系统。通过加强环境事故风险防范能力建设，制定不同风险源的应急处理处置预案等方式，提高环境风险应急处理处置能力，保障水生态健康和水质安全。

监管法律法规建设。根据国家、省、州有关法律法规，建立健全《湟水流域保护条例》，在条例中明确重点监管区域、重点监管内容、各部门联动机制、各部门职责等，并明确生态建设、水资源与水质保护、集中式饮用水水源地保护、环境污染防治、生态文化宣传等行为的实施主体，以及违法行为的处罚主体和范围。在此基础上，环境管理还需要制定专项污染防治办法。

（五）完善监管机构

推进湟水流域管理机构建设工作，在地方行政管理的基础上，对湟水地区生态环境保护与水资源保护进行统一综合管理。明确湟水流域生态环境保护目标、水资源和水质保护目标、水资源利用与保护职责。建立和完善地方政府考核机制，落实湟水流域环境保护年度任务和检查要求，将环境保护相关指标纳入各级政府和领导干部政绩考核的内容进行年度考核。同时，将环境保护目标的实现与生态省、州、县（市）模范城市等工作结合起来，予以综合考核。

（六）调整产业结构

充分考虑水资源、水环境承载能力，以水定城、以水定地、以水定人、以水定产，合理确定发展结构和规模。加强资源节约与循环经济调控，提出实现流域资源节约和循环利用的途径和方案。鼓励发展生态保护型文化旅游业和观光游业，形成旅游产业体系，提升旅游业国民经济支柱产业地位，发挥旅游业的先导和带动作用，根据现有资源分布，环境容量，选择可行的发展战略。加快特色农业产业化建设，严格控制采矿、水电等行业环境风险。设置水资源消耗和污染物总量限值，控制新建项目质量；调整高水耗、高污染产业类型，淘汰落后产能；探索产业结构优化组合方案。

（七）优化空间布局

根据主体功能区规划、国家生态安全屏障综合试验区建设、红古区生态环境保护规划的要求，进一步优化空间布局。合理布局工业园区，促进工业向园区集中，提高产业规模化水平，实现产业集中布局和污染集中治理。统筹城乡空间布局，强化空间一体化，切实有效地解决好村镇布局分散、产业集聚程度差、集约发展滞后的问题。加强重点镇和重点村建设，整合农村居民点，努力构筑层次清晰、功能齐全、布局合理、发展联动、设施共享的城乡空间发展格局。积极引导人口的转移，特别鼓励生态敏感地区的农业人口向重点城镇集聚。大力发展农业高效节水项目，在地下水易受污染地区，优先种植和发展经济效益与环境效益突出的农作物、特色林果业，应用水肥药一体化技术，减少地下水污染。严格按规定开展产业发展和自然资源开发利用规划的环境影响评价，以规划环评优化产业发展布局。

（八）加强土地资源管控

在评估区生态安全调查评估结果的基础上，根据生态功能的重要性、生态环境的敏感性和适宜性，结合经济社会发展战略、人类聚落分布特征和主体功能区规划，利用空间信息技术方法，按照禁止开发区、限制开发区和适度开发区分类监管的思路，保护生态空间。重要水源地一级保护区、自然保护区、林地、天然草地等区域主要用于区域生态环境建设和保护，按照禁止开发的要求管理。水源地二级保护区、耕地、园地等区域，按照限制开发的要求进行管理。交通运输用地、城镇用地、规划建设区以及依法设立的开发区和产业集聚区，实行适度开发、集约用地制度，完善城镇村基础设施建设，提升服务功能，推行清洁生产，发展循环经济，减少污染排放，提升集约发展水平。

（九）深入推进污染防治

进入新发展阶段，党和国家明确提出要深入打好污染防治攻坚战，湟水流域特别是下游段内需要按照流域区域的发展定位、保护要求，进一步强化污染防治工作，按照精准治污、科学治污、依法治污的思路，扎实推进甘肃省湟水流域污染防治工作。本书结合黄河流域生态保护和高质量发展战略布局、“十四五”国家及甘肃省生态环境保护规划要求等国家、省级层面对湟水流域的保护与发展定位及要求，提出甘肃省湟水流域范围内的环境保护与污染治理对策建议。

（1）加强城乡生活污染治理，推动人居环境持续向好

一是强化城镇生活污水收集处理。按照统一规划、集中处理的原则，加强甘肃省湟水流域区域内城镇生活污水集中处理，推动污染减排。目前，区域内城镇生活污水集中处理设施主要依托红古区在建的生活污水处理厂，以及个别企业自建的污水集中处理设施，部分乡镇在近些年来污染防治专项资金的支持下建设了污水集中处理设施。然而，目前已建成的污水处理设施普遍面临污水收集范围有限、管网配套不足、未完全实现雨污分流等问题，同时污水负荷不理想，对区域内生活污水的实际处理效能不高。因此，针对甘肃省湟水流域内的城镇生活污染，下一步需要重点考虑的工作包括以下几个方面：

首先，需要进一步提升现有各污水处理设施的运行效能，提升污水处理水平，通过扩容、升级工艺和设备、优化运行管理机制等手段，充分发挥污水处理设施的功能，特别是要推进海石湾污水处理厂等污水处理设施的提标改造，以满足区域水环境质量改善要求。同时大力整治陆域内的水体黑臭现象，采取控源截污、清淤疏浚、垃圾清理、生态修复等措施，加大流域内黑臭水体治理力度，并建立长效管控机制，切实杜绝各类水体黑臭问题。

其次，需要根据当地污水产生特点，因地制宜，进一步扩大污水处理覆盖范围，推动配套污水收集管网的建设，对于老旧城区、城乡接合区域、城中村区域、易地扶贫搬迁安

置区等管网建设薄弱区域，需结合城市改造和提升计划进一步完善污水收集管网建设，解决乡镇污水处理设施的负荷不足不充分的短板，加快消除污水收集管网空白区。全面推进流域内现有污水管网排查整治和污水收集处理设施改造提升，加快实施管网混错接改造、管网更新、漏损修复改造等。

再次，加强沿湟入河排污口整治力度，按照“查、测、溯、治”的工作步骤和要求，在全县开展重要河流、河段排污口排查工作，以城镇建成区及重要水环境保护目标为重点，摸清所有直接、间接排放的各类排污口数量和位置，了解排污口的排放状况，掌握排放的污染物种类及排放量，建立入河排污口台账，并且加快入河排污口整治进度。结合甘肃省湟水流域水生态环境状况、功能区和岸线保护要求等，优化入河排污口设置布局，结合流域内水功能区水环境质量保护要求，按照“取缔一批、合并一批、规范一批”的方式，实施入河排污口分类整治，强化日常监督管理。此外，加快入河排污口的规范化建设，严格落实入河排污口设置审核制度，推动建立“权责清晰、管理规范、监管到位”的入河排污口管控长效机制，完善入河排污口标志牌设置，规范入河排污口排放方式，同步加强入河排污口监测、监控设施建设，全面控制入河排污行为的规模和强度，保障流域水环境的安全。

最后，要结合流域发展规划和环境保护目标，不断强化对各类污水处理设施和管网的日常管理，保障各类污水处理设施高效稳定运行。流域内各级有关行政主管部门要完善管理机制和手段，加强对各类污水处理设施的巡查、检查，督促整改和提升，保障污水处理达标排放；污水处理设施运行管理机构需要根据片区污水特点不断完善运行机制，应用先进的技术和手段，不断提升污水处理设施设备信息化管理水平，及时跟进污水处理设施的状态、趋势，建立完善的运行和各类日常情景应对机制。

二是加强初期雨水污染控制。结合实际，开展城镇内的雨污分流改造，统筹城市防洪排涝设施建设、水环境综合治理、地下空间建设、老旧小区改造等重点工程，推动流域内管网雨污分流改造，同步开展初期雨水调蓄池建设，以沿河雨洪排口、直接连通河流（湖库）的涵闸、泵站等为重要节点，加强初期雨水的收集和处理能力，减少初期雨水对地表水水质和污水处理厂的影响。进一步提高初期雨水收集、处理和资源化利用水平，减少初期雨水对河流水体造成的影响，降低污水处理厂的运行负荷。鼓励流域内有条件的重点镇先行先试，将城镇雨洪排口纳入监测管理等日常监管。

三是强化污泥处置和资源化利用。全面推进流域内城市污泥处置设施建设，污泥处理处置设施建设要同步纳入流域内污水处理设施建设规划，县城和建制镇可统筹考虑集中处置的方式，压减污泥填埋规模，新建污水处理厂必须有明确的污泥处置途径。

四是促进水资源充分利用。甘肃省湟水流域范围内各类人员活动密集，工业、农业、生活用水量高，同时区域气候干旱，水资源量十分有限，主要依靠有限的湟水河道水资源供给，在发展的同时，还要重视区域内的生态用水需求，因此，水资源供需矛盾明显，需要充分推进各类水资源的开发利用，特别是污水处理厂中水的再生利用，通过尾水深度处理、人工湿地等手段，实现生活污水处理设施排水的进一步处理和再生，满足区域内生产生活相关的用水需求。目前，甘肃省湟水流域范围内具备综合功能的人工湿地建设依然欠缺，可以结合区域内城镇生活污水处理工程建设推动水资源再生利用工程的配套建设，在工业补水、城镇绿化、农田灌溉等环节补充和缓解区域内水资源紧张的现状，同时也有助于流域水生态环境的改善和提升。

五是加强农村生活污水处理。当前随着城镇生活污水设施的不断强化，甘肃省湟水流域范围内的点源生活污水排放已得到了有效的控制，然而由于流域内人口密集，沿河分布分散，广大农村地区所产生的生活污水分散，且区域内农村生活污水设施建设尚处于起步阶段，部分地区甚至为空白，大部分生活污水未经收集处理而排放，进而在降雨条件下不断被冲刷进入河道，已经成为流域内现存最为棘手的环境问题。因此，需进一步强化农村污水收集处理，推动农村生活污水收集处理普及，协同脱贫攻坚、美丽乡村建设、移民搬迁等行动，改善流域内农村污染防治基础设施，加快推动各类适合农村生活污水收集管线和处理设施的建设和普及，因地制宜，根据流域内各镇、村庄所处的生态功能区位和社会经济发展状况，并结合各行政村、自然村的地理位置、规划发展趋势及污水治理现状，采取集中分散、连片等多种模式相结合的处理方式，完善农村生活污水收集体系，扩大污水收集范围，实现应接尽接，有效控制农村生活面源污染问题。结合实际，综合考虑村民生活习惯、经济条件等因素，灵活多样的采用节水厕、一体式户用污水处理装置等污水处理设施，高低搭配，不断完善和普及农村生活污水处理设施，在有条件的地区，规划市政管网延伸有条件纳厂的终端村庄，纳入城镇污水收集管网集中收集处理，或推广水冲厕和化粪池建设。

此外，需要加强对农村污水处理设施日常运行管理维护的投入，随着各类大小不一、工艺不同的农村生活污水处理设施的普及和完善，后续维护将成为越来越重要的问题，需要各级部门在财政、监管、服务等各方面健全机制，确保农村生活污水处理体系能连续稳定的发挥作用。

六是加强城乡生活垃圾处理。甘肃省湟水流域范围内目前的各类生活垃圾收集处理能力依然有限，特别是城镇及农村周边生活垃圾随意丢弃堆放的现象依然存在，同时，随着人口的增多和生活质量的提升，区域内的垃圾产生量也持续增加，给现有的生活垃圾收集、转运、处理、处置体系带来了越来越大的压力。因此，需从以下几个方面，提升区域内的生活垃圾处理能力：

首先，要不断提高城镇生活垃圾处理能力，按照人口规模发展趋势，合理谋划生活垃圾收运-处理-处置规模，完善城镇生活垃圾收集处理机制，特别是对海石湾、川口、连城等几处人口活动集中的区域要加强生活垃圾治理，完善各类垃圾收集设施配套，优化收运方式，加快垃圾处置手段和装备升级，实现城镇生活垃圾集中妥善处理处置的目的。

其次，要不断提高农村生活垃圾处理能力，根据湟水河谷内的人口分布密度，合理设置垃圾处理点，完善农村垃圾收集网络，靠近城镇的农村应纳入城镇垃圾收运体系。对于农村地区，应结合实际实行“户分类、村收集、镇转运、县处理”的垃圾收运处模式，推动实现定点存放、统一收集、定时清理、集中处置，在条件不具备或经济拮据的地区，可视情况对产生量少的生活垃圾实行堆肥等方式就地处理，避免对环境产生污染。同时，针对湟水谷地内农业种植规模大、范围广的特点，加强种植垃圾收集处理，充分考虑农田菜地状况合理设置垃圾处理点，保证产生的垃圾有地点、有方法处理，并且因地制宜推广沼气设施，将农村的作物秸秆、尾菜、粪便等废弃物通过沼气发酵实现资源化和能源化利用，减少农村生活垃圾对环境的影响，改善农村卫生条件和生活环境。

再次，要不断提升垃圾分类水平，提高公众对垃圾分类重要性、意义与作用的认识，同时完善垃圾分类收集、分类运输、分类处理的流程和体系，以连城、海石湾等人口密集区域为重点，分步实施、以点带面，不断推广和普及垃圾分类，提高生活垃圾综合回收利用水平。依托现有废品回收站点，不断增加回收站点数量，保证至少在乡镇一级普及垃圾分类回收站点，分片实施区域内的所有生活垃圾收集分拣预处理，同时根据城乡规划，科学选择地点建设规模化废旧物资分拣加工和集散中心。

最后，要按照环境保护的要求，提升生活垃圾处置环节的环境友好和清洁化水平，县级以下区域原则上应不再建设生活垃圾填埋场，运用综合垃圾焚烧设施、分类再生利用等处置手段，实现生活垃圾的减量化、无害化和资源化处置。

七是强化城镇生活源污染监管。加大对甘肃省湟水流域区域内涉水企业的监督检查力度，确保流域内生活污水充分收集、高效处理、稳定达标排放；加大对永登连城段以下至海石湾镇的工业污水监管力度，确保稳定达标排放。强化污水排放与水环境质量联动监测能力，建设流域污染物监督分析平台，实现污染物排放实时掌握、综合分析、动态跟踪，杜绝水环境污染事件发生，缩减污染事件影响范围。完善污染物排放责任和奖惩机制，减少违法排污影响。

（2）强化农牧业污染治理，巩固流域水生态环境

甘肃省湟水流域沿岸耕地分布广泛，且与河道距离近，耕种活动及方式对流域的水生态环境健康与安全有着重要的影响，是流域面源污染的主要来源之一。因此，应从以下几个方面加强农牧业污染治理工作：

一是推动种植结构优化。结合流域自然地理条件和光热特点，合理优化并调整流域内的种植结构，合理布局农作物种类，在保障经济收入、适应当地水资源承载力的基础上，优先选择耗水量小、化肥利用率高的作物。

二是推动耕作方式绿色升级。加快高标准农田建设，提高水、土、肥等农资高效利用水平。

结合种植结构调整，科学安排轮作机制，提高农田灌溉水利用率，合理布局耕地规模和分布，优化灌溉方式，推广先进可行的节水灌溉技术。

推进科学施肥，实现化肥使用零增长，推广测土配方施肥，针对甘肃省湟水流域内农田土壤养分状况和作物营养特性，根据作物需肥规律调节和补充土壤供肥特性，合理制订

有机肥料和化肥的施用种类、数量、比例、时段和施肥方法；推广先进施肥技术和装备，减少肥料在运输、施肥过程中的损耗和浪费，提高肥料利用率，减少肥料因洒漏和残留而进入土壤和水体环境带来的风险。

合理发展高效设施农业，依据甘肃省湟水流域的光热特点，在阶地、台面上推进绿色大棚耕作，科学合理地使用合规的农膜，加强废旧农膜回收，减轻农用地的白色污染。

推广绿色防控技术，逐步减少农药的施用，发展病虫害专业化统防统治与绿色防控，在流域内建立专业化统防统治队伍，宣传推广绿色防控技术，在选种、播种等各环节中建立规范标准化的植保防控操作方案，按照流域内现有农耕活动的设施、条件、规模等实际情况针对性地制定防控技术方案，同时建立制度规范病虫害防控管理工作。加强耕地养分保持，合理安排耕作密度和强度，科学利用秸秆粪肥还田等土壤保肥手段，优化灌溉方式，减少耕地养分流失而进入环境。

三是发展绿色有机农产品生产。优先在流域内自然条件良好，利于发展有机食品生产的地区开展示范，建立绿色有机食品示范基地，按照绿色有机食品的相关标准要求制订生产技术与管理计划、环境保护与食品安全防范计划，制定生产基地水、土壤、大气环境质量监测机制，在提升农产品质量安全水平的同时，保障农业活动对环境的安全。

四是提高畜禽养殖废物综合利用率。加强畜禽粪污收集处理设施建设。受传统习惯的影响，以及地理条件和经济发展水平的限制，甘肃省湟水流域内养殖活动多，然而面临着分散、规模小、污染防治设施滞后的现状，是甘肃省湟水流域内面源污染的又一个重要影响因素。首先，需要合理布局养殖产业，大力推进规模化畜禽养殖，实施畜禽养殖场标准化建设，配套规范的养殖粪污、废水等收集和处理设施，全面收集畜禽养殖场（小区）密集、治污水平较低的区域，鼓励集中收集处理方式及设施建设。其次，需要健全畜禽养殖废弃物资源化利用的配套设施建设和管理机制，统筹流域内的种植特点、规模和特征，鼓励采用“种养平衡”等模式推动农牧业废弃物资源化利用和循环利用，根据当地畜禽养殖废弃物产生量及农田消纳能力，切合实际推动规模化畜禽养殖场（小区）养殖废弃物资源化利用及污染治理设施建设。同时，根据流域内化肥、农药的施用强度及需求量分析结果，结合畜禽养殖废弃物规模和资源化利用任务要求，提出农田化肥、农药减施、推广有机肥等措施，协同推动化肥减量。此外，针对流域内的个别水产养殖活动，根据水体生态环境功能保护需要，提出与养殖用水和排放尾水相适应的物理沉淀、生物净化等设施建设运行任务，并依法推动水产养殖活动整顿。

五是推动农田面源污染防控工程设施建设。设施在湟水沿线结合河流缓冲带建设，推动在耕地密集分布区域、农田灌溉水退水口等农业面源产生重点区域建设农业面源生态拦截设施，包括人工湿地、生态拦截沟等设施，或充分利用河道内现有沟渠坑塘等，选择当地对营养物吸收较强的适宜植物，建立生态净化系统，对农田渗水、退水等农业面源水实施拦截、吸附处理，减少农田流出的各类废水中氮、磷等养分进入河道而污染水体的风险，同时改善河道的水质。

（3）深化工业污染治理，提升流域水安全水平

经过多年的污染防治攻坚，甘肃省湟水流域内绝大多数工业污染排放已经得到了有效控制，然而流域内工业生产活动密集、分布广、规模大，始终是流域内的环境风险，因此，需要持续巩固防控力度并长期坚持。以下是针对流域内的工业污染治理工作给出的有针对性的建议：

一是巩固提升工业企业污染治理设施水平。强化对区域内工业企业污染治理设施的监督，明确企业、各部门及个人的责任，建立和完善责任追究机制，确保环保要求得到有效执行。重点聚焦流域内煤炭、有色、建材企业，加强废水、废气、固废污染治理设施的监管，督促企业完善环保设施运行管理机制，规范环保设施各环节运行，细化监测监控，确保各类污染物连续稳定达标排放。同时，根据地区及国家最新政策要求，不断提升污染治理设施工艺水平和治理效能。按照湟水水功能区划要求，努力提高废水排放等级，保证进入黄河干流的水质安全。结合产业升级和技术改进，优化生产工艺和设备，不断提升企业生产流程的清洁化水平，减少末端排污强度，鼓励企业对产生的废水、废气、固废进行回收再利用或拓展产品线。

二是不断完善区域内工业园区（集中区）污染治理基础设施。推动区域内现有园区污染治理基础设施建设和完善，尽快补齐废水处理、废气处理、固废处理等基础设施短板，结合区域和工业园区（集中区）发展规划，及时优化配套的环保基础设施，不断提升工艺水平和治理效果，同时配套必要的突发环境应急设施，包括应急池、导流渠等。强化工业园区（集中区）环保基础设施管理，健全日常运行保障机制，完善监测制度，保证各污染治理设施稳定运行、达标排放。积极推动工业园区（集中区）发展循环经济，鼓励具有相关功能的企业入园，实现废水、废气、固废在园区内的循环再利用，从园区层面减少污染排放。持续推进流域内各类各级工业园区（集中区）污水集中处理设施、配套管网建设和自动在线监控装置安装。

三是强化流域内工业企业环境风险控制水平。甘肃省湟水流域位于湟水下游段，是进入黄河干流的最后缓冲区，该河段内的水环境质量变化，将直接影响到黄河干流的水环境安全，因此，对于流域内的工业企业环境风险防控水平须格外重视，提高工业企业环境风险防控水平。根据工业企业及各工业园区（集中区）的环境风险防控要求，细化和完善应急响应和处置机制，积极组织企业和园区开展环境风险应急宣传和演练工作。

四是加强工业固体废弃物处理。甘肃省湟水流域内存在一定数量的有色、建材、煤炭工业企业，这些企业会产生大量固体废弃物，这些固体废弃物成分多样，如处理处置措施不到位，将会带来较高的环境隐患，是甘肃省湟水流域内重要的环境安全和风险隐患源之一。因此，在推动流域产业结构调整、加快工业企业清洁生产步伐的同时，需要持续强化工业固废的污染治理。持续完善流域内各产废企业工业固体废物堆放贮存场所环境管理，严格按照相关设计和建设规范要求落实防渗、防尘措施，对于产生危险废物的企业，要按照危险废物暂存环境管理要求建设配套设施，严格隔断危险废物进入环境的路径。推动固

体废物资源化利用，鼓励企业通过技术改造、产品延伸等方式开展固废重复利用、资源化利用，减少固体废物的排放，特别是塑料制品、化学品等涉及新污染物的固体废物，要严格开展摸底和评估，识别流域内相关固废的规模、分布、污染特征及危害性，提升对应的污染防控措施要求。

（十）系统推进生态保护修复任务

甘肃省湟水流域地处湟水汇入黄河干流的最后一段河道，是保障黄河干流水安全的过渡区、缓冲区，因此，生态地位非常重要。需要遵循综合治理、系统治理、科学治理的思路，统筹水生态、水资源、水环境3个要素，开展山水林田湖草综合治理，全面推进保护与修复工作。本书结合湟水流域下游的生态功能与定位，以保护与发展相协调的思路，提出甘肃省湟水流域内的生态修复与建设的有关对策建议。

（1）开展流域生态环境综合治理，提升流域生态健康水平

按照山水林田湖草综合治理、系统治理的思路，立足区域生态环境本底，锚定发展定位和需求，保障和改善甘肃省湟水流域内生态健康与安全的工作应包括以下几个主要方面：

一是加大河道生态修复力度。甘肃省湟水流域河道沿线水土流失严重，水源涵养能力弱，需要持续加强水土保持工作，推动河岸带修复，逐步恢复河道的生态功能。

首先，统筹水系连通、河道清障、清淤疏浚、岸坡整治等水利措施开展河道清淤与底床整治，在河湾、闸坝、河道收窄处以及沿河村庄人口较多、河道淤积堵塞严重、水生态问题突出的河段，实施清淤疏通，保障河道水流通畅和行洪安全。

其次，结合加固堤防、修建护岸等工作，推动河岸带修复，在河道断面生态化设计、护岸生态化改造等方面下功夫，注重整体性、协调性、亲水性、生态稳定性和河道健康性，坚持统一规划、分级实施、逐段绿化的原则，结合地形选择适宜的植物，在不影响水体安全的前提下，采用近自然的水岸绿化模式，建设沿河堤岸护岸林带草带，构建河流缓冲带及湿地体系，不仅能提高沿河重点地段防洪能力，而且能有效改善沿河生态稳定性，阻拦入河的各类污染，提升沿河生物多样性和植被覆盖度，改善河道两岸的涵养水源和水土保持功能，同时能够提升沿河生态景观。

二是推动阶地山地生态修复。甘肃省湟水流域内盆地串联，山谷交错，复杂的地势条件决定了流域内污染易于汇集，生态安全受周边台地、阶地污染物冲刷的影响明显。因此，需要尽快推动沿河两侧陆域的生态修复。首先，加强农业生产活动管理，通过工程措施、植被措施以及耕种方式调整降低农业活动对土地的扰动强度，减少水土流失。其次，大力推动沿河陆域植树造林，在有条件的地段特别是汇水范围内加强植被覆盖，减少两岸水土流失，对于湟水干流两侧陆域山体，推动小流域治理，结合淤地坝、生态护坡、坡改梯等工程手段，截留水土，减少沟道水土流失，减轻泥沙汇入河道的强度；对于湟水支流大通河沿线山区，目前天然植被本底较好，需要加强管理与保护，禁止一切开采、砍伐活动，巩固区域水源涵养和水土保持功能。

三是强化流域内水工建筑管理。湟水河梯级电站开发程度高，工程密度大，河流纵向连通性差，生态水量保障不足，加强对流域内现有闸坝等水工建筑的管理，严格规范各类水电站的运行，强化对水电站截水引水的监督，督促运行单位健全放水截水机制，保障河道的生态流量。流域内应禁止新建水电站，现有水电站应持续优化放水机制，保障河道水生态安全。加强沿河引水、过水工程管理，规范各类渠道、跨河设施的日常运行管理，确保河道水文形势及水质稳定。

四是切实保障河道生态流量。结合水资源调查论证，细致确定甘肃省湟水流域各河道生态流量，明确主要河流生态流量，同时制定流域内生态水量保障方案，明确生态流量目标、保护要求及具体措施。同时，加强流域内生态流量调度，建立统筹上下游、保护与供水、发电的关系，完善流域内现有水电站、各种水工构筑物等涉水工程联合调度机制，确保下泄生态流量要求。缩减挤占的河道生态用水，实现“还水于河”。

五是加强流域水土流失治理。以甘肃省湟水流域范围内水土流失重点区域为主要区域，结合全流域自然条件和水源涵养状况，严格生态功能管控，实施封育保护及自然修复、区域绿化等措施，坚持“预防为主、保护优先”的工作方针，以维护和增强水土保持功能为原则，全面实施预防保护，特别是湟水干流两岸沿线，大力开展退耕还林、退耕还草、封禁保护、人工种草、人工造林等行动，从源头上有效控制水土流失。改善区域生态环境，减少水土流失，水源涵养区林草植被得到有效保护与恢复。

（2）加强流域水资源保护，保障流域水生态安全

甘肃省湟水流域内水资源总体有限，其中支流大通河段水资源从水量到水质要略优于湟水干流，受到的人为影响也较湟水干流小，因此，在水资源的保护上各有侧重。以下对甘肃省湟水流域内水资源保护提出几点建议：

一是提升湟水干流段水资源保护水平。沿河农业种植活动中大力推广节水技术和装备，发展节水农业和设施农业，减少灌溉水的浪费。

在工业水资源利用方面，首先，加强工业节水减排，推进以节水为导向的流域内产业结构调整，严格新上项目准入，禁止新上或扩建高耗水项目，依法依规淘汰高耗水行业中用水超出定额标准的产能。严格实行用水定额管理，倒逼企业提高节水能力，提高水资源利用效率。其次，企业用水加强循环利用，通过改进企业现有生产工艺和设备减少损耗，鼓励企业节水技术的开发和节水设备、器具的使用，大力推广工业高效冷却、洗涤、循环用水、矿井水再生利用，高耗水生产工艺替代等节水工艺和技术。支持企业开展节水技术改造及中水回用改造，同时加强企业内部用水管理，重点用水系统和设备应配置计量水表和控制仪表，逐步完善计算机和自动监控系统。红古、民和的工业园区及集中区内应将节水作为产业结构优化和循环改造的重点内容，推动企业间水资源利用，积极推行水循环梯级利用，统筹供排水、水处理及循环利用设施建设，推进园区内企业间用水系统集成优化，实现串联用水、分质用水、一水多用和梯级利用。同时，鼓励流域内将市政再生水作为园区工业生产用水的重要来源。

在农业水资源利用方面，首先，大力发展节水灌溉工程，推广节水灌溉新技术和设备。加大流域内平安、花庄等较大灌区内的节水技术改造力度，配套自动化量测水系统、灌区主干通信系统和灌区综合信息化平台，以改造输水效率低的干支渠为重点，以节水、增效为目标，改造灌溉设施和技术，提高灌溉水的有效利用率。推动湟惠渠、谷丰渠等主要骨干水利工程持续升级维修改造。其次，加强灌溉用水定额管理，根据甘肃省湟水流域内各灌区的气候、地形、作物及土壤条件，分类制订各主要农作物的用水定额，依据定额确定灌溉用水量，强化灌溉水计量管理。

在城镇生活水资源利用方面，大力提倡节约用水，同时积极推动现有污水处理厂建设尾水处理设施，推动污水深度净化，促进中水再生利用，提高各领域的水资源利用效率。

此外，要对各类引水供水工程加强管理，以健全水资源节约高效利用体系。优化谷丰渠、湟惠渠等重要引水工程的引水机制，精准控制引水用水规模。在沿河有条件的地点结合河道修复工程，建设人工湿地、河岸缓冲带等具有调蓄功能的设施，提升河道两岸植被覆盖率，增加湿地面积，提高河道内的涵养调蓄能力。加强河道沿线饮用水水源地保护，规范饮用水水源地保护区建设，加强水源地保护区监管，严格限制和管理饮用水水源地周围及其上游的工业企业，特别是对生态环境影响较大的污染类企业，推动上游一定范围内的企业限期进行技术整改或搬迁，强化上游农田种植和养殖业活动，完善相应的污染防治措施。

二是巩固大通河段水资源保护。严格贯彻落实用水总量、用水强度控制，严格执行建设项目水资源论证制度，科学合理确定水资源利用上限，健全取水许可工作台账，同时规范取水许可管理，核定各取用水户用水计划，对纳入取水许可管理的取用水单位、公共供水管网内非居民用水户实行计划用水管理，完善奖惩机制，加大考核力度。优化流域水资源配置，完善水资源利用和分配制度，统筹流域内上下游水资源开发利用。加强沿河森林、草原植被保护，巩固流域内的水源涵养能力，禁止砍伐、采掘等对生态破坏严重的开发活动。加强各领域水资源管控，严守以水定产以水定城的原则，严格控制沿河工业企业用水，严格控制高耗水行业发展，推动先进节水工艺、水循环利用、分级利用、集约利用改造，鼓励和支持企业进行工艺和装备升级改造，提升水资源综合利用水平；挖掘农业节水潜力，推广先进高效的灌溉技术和设备，控制农田开发活动范围和规模，优化种植模式；推进节水型社会建设，开展并推广节水型单位、节水型居民小区等示范建设，持续普及节水意识、节水方法和节水设施。

（3）协同保护与发展需求，推动流域生态建设

保护是为了更好的发展，发展也能够实现更好的保护。习近平生态文明思想和绿水青山就是金山银山的发展理念，为我们明确了保护与发展的关系，指明了发展的路径。推动流域生态建设，就是要协同保护与发展两者之间的关系，实现互相促进、协同进步，是一个相互交织、系统性的工作。本书针对甘肃省湟水流域推动生态建设的重点关注点和主要措施提出以下建议：

一是转变传统单一的资源消耗型经济发展模式。甘肃省湟水流域在历史上一直扮演着原材料开采和加工的角色，环境欠账多，资源消耗高。推进绿色发展，同时把资源禀赋不佳的现状转变成资源，发挥流域的生态、资源优势，是甘肃省湟水流域高质量、可持续发展的必经途径。这就需要流域内要立足长远，创新突破，以生态安全为根本，以生态发展为动力，全面转变以往过度依赖资源的发展模式。

二是加强制度和规划引领，全面布局流域绿色高质量发展。立足流域的生态功能定位和发展定位，制定和完善针对流域范围的生态保护与发展制度政策，明确保护与发展目标，捋顺政府、企业、社会等之间的职责和任务，为流域生态建设提供制度保障。根据流域的自然条件、生态环境状况和经济社会发展需求，细致谋划、长远考虑，制订科学合理的流域生态保护和发展规划，分阶段、分区域、主次分明，明确流域生态保护和修复的目标、任务和重点，同时确定完善和可行的保障措施，并充分谋划支撑的项目，确保规划计划落地见效。

三是实现环保与发展“双赢”。因地制宜，创新发展模式与机制，坚定走绿色发展道路。首先，要贯彻和统一生态优先的理念，量水而动，坚决不搞大开发，调动全社会各领域的力量和积极性，投入到流域的保护与发展行动上来，推动甘肃省湟水流域保护与发展路径的研究和实践，促进沟通交流，凝聚共识。其次，大力发展生态产业，尽快谋划并制订流域生态产业发展规划计划，推动沿湟绿色经济产业发展壮大，鼓励沿湟循环经济产业发展。依托甘肃省湟水流域特别是大通河段独特的生态景观、动植物资源，打造特色生态产品体系，大力推动与湟水共生共存的生态旅游、休闲、养生产业，突出流域自然资源特色，凸显当地民俗文化内涵。不断探索创新融资投资新渠道，尝试设立市场化产业发展模式，积极引入资金支持生态环境系统性保护修复工程建设，持续提升生态产品增量。

10.4.5 生态环境保护项目建议

根据甘肃省湟水流域内生态系统受损程度和破坏原因，结合评估区适用的生态保护综合调控技术，减轻人类活动造成的胁迫程度，对水源涵养林、退化草场采取必要的生态修复和保育措施，通过修复生态系统本身的恢复力，辅助采取污染控制、水文条件的改善等措施，实现生态系统的自我恢复。另一方面，推进工业、农业和生活污染减排，以评估区现有排放水平为基准，进一步适度削减污染负荷量，并在断面考核浓度基础上，定期组织对环境质量改善情况、污染负荷量削减计划执行情况进行考核。为评估区水质的保持和改善及生境恢复创造空间，实现水环境长期稳定维持在较好水平。

（一）城镇生活污染防治

按照稳定化、无害化、资源化要求，加快乡镇污水处理厂建设，完善污水处理厂污泥处理处置设施，加强污泥的处置与资源化利用，有效减少污泥总量及其二次污染。

完善污水收集管网建设。采取旧城区和城乡接合部污水截流和集中收集，现有雨污合流制排水系统实施雨污分流改造，新建污水处理设施应同步设计、同步建设、同步投运配套管网等，提高城镇污水处理厂运行负荷率，提高初期雨水的收集和处理能力，使红古区污水基本实现全收集、全处理，城镇再生水利用率达到20%。

提高生活垃圾处理率和资源化利用率。增建尾菜处理场。完善城镇生活垃圾收集、中转运输和处理系统，加强城镇生活垃圾的分类回收与尾菜资源化利用。

（二）工业污染防治

在工业结构调整和布局优化的基础上，提高企业准入门槛，严格执行环境影响评价、“三同时”制度，加大矿业、食品加工、建材等行业排污企业的排污监控、污染管控和治理力度，依法淘汰落后工艺、设备和产能，选择适宜的处理工艺、技术和设备，加强工业点源污染防治工程建设，确保所有排污单位达标排放，加快工业园区生态化改造和建设，在工业企业稳定达标排放的基础上，强化工业园区废水集中治理和深度处理。加大对纳管企业的氨氮、总磷和有毒污染物的管控力度，按计划削减污染负荷的产生及排放量。鼓励再生水利用，利用再生水不受用水总量和用水计划限制，不征收水资源费。对重点监控企业，限期安装污染自动监控装置，实现同时监控、实时监控、动态管理。

（三）农业污染防治

加快推进农村污水及垃圾污染防治。根据农村分布特征，分类分区防治。重点乡镇周边农村，依托乡镇污水处理设施和生活垃圾收集转运设施，推动城镇污水处理设施和服务向农村延伸，推行城乡生活污水一体化收集处理模式和生活垃圾一体化集中收集处理处置模式。较分散的农村结合生态文明小康村建设，配套建设分散式污水处理设施和生活垃圾收集处理设施。推进农村有机废弃物处理利用和无机废弃物收集转运，严禁农村垃圾在水体岸边堆放，加快农村环境综合整治进度。

持续加强农业面源污染防治。开展农田径流污染防治，积极引导和鼓励农民使用测土配方施肥、生物防治和精准农业等技术，采取灌排分离等措施控制农田氮、磷流失，推广使用生物农药或高效、低毒、低残留农药。

推进生态健康养殖新模式。严格执行畜禽禁养区、限养区规定。科学确定养殖容量，合理规划养殖规模和养殖品种，优化生态养殖场和养殖小区布局。推动畜禽规模养殖废弃物资源化利用，现有规模化畜禽养殖场（小区）要配套建设粪便污水贮存、处理、利用设施，散养密集区要实行畜禽粪便污水分户收集、集中处理利用。新建、改建、扩建规模化畜禽养殖场（小区）要实施雨污分流、粪便污水资源化利用。通过制取沼气和生产有机肥等方式对畜禽养殖废弃物加以综合利用。

（四）生态修复与保护

以保护与修复评估区生态系统结构完整和生态系统健康为核心，强调生态系统的自然恢复，通过实施一批流域内生态修复工程建设，减轻人类活动造成的胁迫程度，改善水文条件等措施，逐步提高生态系统自我修复和恢复能力，着力改善流域生态环境，恢复生态系统功能。在生态修复与保护工程中强调生态系统恢复中本地土著物种的优先使用，开展跟踪式的生态监测评估。

生态涵养林保护建设。结合天然林和生态公益林保护工程，大力营造防护林、水源涵养林，开展宜林荒地造林和疏林地补植造林，积极修复森林生态，扩大森林覆盖面积。采取天然林保护、封山育林、退耕还林、面山造林、城区绿化等一系列措施，采用天然恢复，辅以人工恢复的技术措施，选择适宜的关键种与建群种，采取封、造、补、管并举，乔、灌、草相结合的方法，改善植被生长的外部环境，栽植混交林，提高林分质量，进行林分改造，加强林分抚育，加强森林植被保护，预防病虫害、森林火灾及人畜破坏，保证林分正常生长。

河道综合整治。采取截污、清淤疏浚、岸坡整治、环境整治、生态修复、设施维护等措施，完善污水收集管网，提高沿河排污口污水收集率。清除河床淤泥底泥，对已关停采沙石场扰动区域实施恢复治理，提高河道自然净化能力。清运河道及沿岸堆放的垃圾，建立乡村垃圾收集转运系统及处理场，解决农民生活垃圾最终去向问题。对危险河段实施河道生态护坡，恢复沿河植被和水生物生长，加强沟头防护。

（五）加强饮用水水源地保护

加强饮用水水源保护区规范化建设、保护区污染防治和规范化监管工作，建立健全饮用水水源地安全保障应急机制，制订饮用水安全保障应急预案，创建应急指挥机构。坚持水源涵养林、防护林建设和水资源保护、污染防治统一部署，坚持带片网、乔灌草、多林种相结合的原则，建设水源地水源涵养林和防护林。隔离防护林带建设与工程隔离相结合，取长补短，防止人类不合理的活动对水源保护区水量、水质造成不良影响。在水源地周边地区增加生活垃圾收集站，实行生活垃圾和畜禽粪污定点集中投放，集中收集，统一处理。在水源地周边建设截污沟和化粪池，减轻居民生活污水对水源地造成影响。建设地表水拦蓄工程，以提高上游地下水水位，增加地下水储量。

（六）环境风险防控

加强各领域综合防范，遵循源头预防、过程阻断、清洁生产、末端治理的全过程综合防控理念，调整产业结构，优化空间布局，从源头上减少环境隐患，加强环境风险防控。建立健全环境风险防控机制与制度。环境应急处理处置应坚持属地原则，由地方政府负总责，政府主要领导人是第一责任人，企业应承担环境风险防范与突发环境污染事件应急处置的主体责任，企业主要负责人是第一责任人。开展沿河工业企业环境风险评估，按“一般、较大、重大”划定环境风险等级，制订应急预案，落实防控措施。有序开展环境健康调查，着力解决损害群众健康的突出环境问题。评估现有化学物质对环境和健康的风险，按照国家公布的《优先控制化学品名录》《重点环境管理危险化学品名录》等严格限制高风险化学品生产、使用，并逐步淘汰。把建设项目环境行政许可作为严控环境风险的第一防线，严格按照《国家突发环境事件应急预案》，落实主体责任，完善预警预报与响应程序、应急处置及保障措施，定期开展应急演练，依法及时公布相关信息。

有效防范探矿、采矿对地表水、地下水的环境风险。专项整治矿山开采，全面取缔主要流域干流、一级支流沿岸所有非法开采开发行为，以及集中式饮用水水源一、二级保护区的探矿、采矿项目，加大对矿山开采企业的废水排放管控力度。

参考文献

[1]GB/T 43474-2023，《江河生态安全评估技术指南》[S].

[2]曹秉帅，邹长新，高吉喜，等. 生态安全评价方法及其应用 [J]. 生态与农村环境学报，2019，35（8）：953 - 963.

[3]应凌霄，孔令桥，肖燚，等.生态安全及其评价方法研究进展 [J].生态学报，2022，42（5）：14.

[4]李翠萍.基于熵权法的美丽福建综合评价体系构建和应用研究 [J].环境生态学，2024，6（08）：138-143+150.

[5]游广永，顾羊羊，张敏霞，等.基于“压力-状态-响应”模型的福建省泉州市生态承载力动态分析 [J].环境生态学，2024，6（05）：1-6.

[6]李梦娣，范俊韬，孔维静，等.河流山区段水生态安全评估——以太子河为例 [J].应用生态学报，2018，(8)：2685-2694.

[7]薛健，李宗省，陈雪娇，等.2000—2020年河西地区生态系统服务功能时空变化与影响因素分析 [J].环境生态学，2023，5（07）：1-12.

[8]李玉照，刘永，颜小品.基于DPSIR模型的流域生态安全评价指标体系研究 [J].北京大学学报（自然科学版），2012，48（6）：971-981.

[9]魏黎灵，李岚彬，林月，等.基于生态足迹法的闽三角城市群生态安全评价 [J].生态学报，2018，38（12）：4317-4326.

[10]吴健生，岳新欣，秦维.基于生态系统服务价值重构的生态安全格局构建——以重庆两江新区为例 [J].地理研究，2017，36（03）：429-440.

[11]SKOULIKIDIS N T .The environmental state of rivers in the Balkans—A review within the DPSIR framework [J].Science of the Total Environment， 2009， 407（8）：2501-2516.

[12]刘孝富，邵艳莹，崔书红，等.基于PSFR模型的东江湖流域生态安全评价 [J].长江流域资源与环境，2015，24（S1）：197-205.

[13]李梦娣，范俊韬，孔维静，等.河流山区段水生态安全评估——以太子河为例 [J].应用生态学报，2018，29（08）：2685-2694.

[14]俞筝.基于PSFR模型的巢湖流域水生态安全评价 [J].佳木斯职业学院学报，2018，(01)：420-421.

[15]张爱国，张秀雯，陈国鹰，等.基于PSFR模型的河北省滦河流域生态安全评估[J].安全与环境学报，2018，18（03）：1198-1203.

[16]陈润琪，马晓茜，余昭胜，等.耦合AHP-模糊综合评价的垃圾焚烧炉吹灰策略研究［J].应用化工，2022，51（01）：286-289+296.

[17]潘伟亮，吴齐叶，龚文静，等.改进秩和比法在城镇污水处理工艺优选中的应用[J].应用化工，2021，50（04）：1155-1158.

[18]邱瑀，卢诚，徐泽，等.湟水河流域水质时空变化特征及其污染源解析［J].环境科学学报，2017，37（8）：2829-2837.

[19]蓝雪春，叶敏，完颜晟.生物学指数在感潮河口建闸前后水质评价中的应用［J].环境污染与防治，2022，44（04）：501-505.

[20]刘姜艳.湟水河红古段河道生态系统服务功能价值研究［D].兰州：兰州大学，2020.

[21]徐双贵，杨莎，秦西伟，等.湟水河流域西宁段河流表层沉积物重金属空间分布及生态风险评估［J].地球与环境，2021，49（05）：561-569.

[22]邵代洁，李德良，刘慧敏.新型Cd（Ⅱ）配合物制备、理化性质及其对污染土壤中镉的去除［J].应用化工，2016，（10）：1998-2001.

[23]侯琪琪，景俏丽，董岁明，等.Gallic acid与DA-6强化黑麦草修复复合重金属（Cd、Pb、Cu、Zn）污染土壤的研究［J].应用化工，2018，47（03）：425-428.

[24]殷炳超，赵琰鑫.湟水流域水污染源排放清单及空间分析研究［J].环境保护科学，2022，48（04）：68-73.

[25]刘慧丽，查东平，冯明雷，等.基于PSFR模型的江西省东江流域生态安全评估研究［J].人民珠江，2021，42（07）：25-33.

[26]刘孝富，邵艳莹，崔书红，等.基于PSFR模型的东江湖流域生态安全评价［J].长江流域资源与环境，2015，24（S1）：197-205.